开封宋代繁塔原型论

宋喜信　著

中州古籍出版社
·郑州·

图书在版编目（ＣＩＰ）数据

开封宋代繁塔原型论 / 宋喜信著 . —郑州 ：中州
古籍出版社，2019.5
ISBN 978-7-5348-8607-2

Ⅰ．①开… Ⅱ．①宋… Ⅲ．①佛塔－古建筑－研究－
开封－宋代 Ⅳ．① TU-098.3

中国版本图书馆 CIP 数据核字 (2019) 第 072437 号

责任编辑：刘　琳
出 版 社：中州古籍出版社
（地址：郑州市金水东路 39 号　　邮政编码：450016）
发行单位：新华书店
承印单位：洛阳创彩印刷有限公司
开　　本：710mm×1000mm　　1/16
印　　张：17.75
字　　数：220 千字
版　　次：2019 年 5 月第 1 版
印　　次：2019 年 5 月第 1 次印刷

定　　价：86.00 元
本书如有印装质量问题，由承印厂负责调换。

序

◎程民生

从前，有座古老的城，城外有座高大的台，台上有座雄壮的塔。城叫开封，台名繁台，塔即繁塔。

这是一座悠久又罕见的塔。

说其罕见，指的是形状特殊。非常厚实粗壮的塔身，憋着劲长肥了三层，到第四层时，突然不想干了，急剧收缩，很勉强地凑成个小小的塔尖，仿佛是编钟的钮。真像是建到一半没钱了，草草收场；更像是年久失修或遭兵火，把上半部损毁倒塌了。所以，无论从远看还是近看，都像是座半截塔，我曾称之为畸形塔。

多有故事啊，多有想象空间啊，更何况，她已经一千岁了！这一千年改朝换代了六轮，正史就有上千卷，别史呢？野史呢？笔记小说呢？还不汗牛充栋啊。

于是，繁塔有了各种传奇，各种民间故事，甚至神话。塔自己笃定沉潜，一直沉默不语，似嗔非嗔，欲笑未笑，像饱经沧桑的伟人，观看小孩子玩闹。她冰山一角般的沉静浑厚之气度，得道高僧般的荣辱不惊之悲悯，花开花落不算啥，年年岁岁不算啥，何谈风云变幻，遑论日日夜夜。静静仰望，能感受其定力与氤氲，厚重与空灵，庄严与洒脱，大千与虚无。她就是佛陀，她就是经藏，她就是舍利，她就是文化，她就是哲学，她就是建筑史诗，她就是开封历史的神存在。

从八岁开始，一直到二十八岁，我在塔南百米开外居住了二十年。每天都会看到她，上中学时还每天都路过四趟。在塔下奔跑，在塔里摸索，在塔上探险，自然饱听过大量故事。虽无晨钟暮鼓，不免耳濡目染，她形状的奇特，总能让人难以忘怀；她体积的庞大，总会使我不那么轻浮。

在当代社会，繁塔的地位是有点儿尴尬的。说重要吧，多认为是座残塔，价值打了折扣；说不重要吧，那可是开封现存最古老的建筑。作为历史文化名城，八朝古都，祖传的文物足够，并没有特别看重她。

有人抱打不平了！奇塔遇上了一个奇人。

奇人者，本书作者宋喜信先生是也。奇在何处？这本史学或文物学界的成果，出自建筑专业毕业、一生从事城市建设和规划的退休干部，换句话说，是工科生越界开辟了文科的地，业余爱好者穿越干了专业人士的活儿，该带孩子、遛鸟、打门球的老人作了年轻学者的事情。

关于繁塔是否曾被雷击或"铲王气"所摧残，古书上有零星记载，但没有确切史料证实。过去陆陆续续有人提出怀疑，也都是随口一说，并未深究，或者说不好深究。宋先生却较上劲了。我常给研究生们讲：什么是做学问呀？做学问就是较真。从建筑的角度入手，他发现繁塔不是残塔，而是完塔：从设计到完成，一直到现在，始终就这个形状。空口无凭，于是苦苦钻研，四处求索，用历史资料、佛教资料、建筑资料来论证。

这使我想起了齐白石"衰年变法"的典故。他在暮年对自我艺术进行再次改造或彻底革新，画风大变，挑战了当时绘画界的主流风气，从而成为一代大师。有过一面切磋之缘的著名语言学家、南京大学鲁国尧教授，近年出的论文集就叫《衰年变法丛稿》，自言"老当益壮，衰年变法；志当益坚，自主创新"，可谓得道之解。宋先生以"从心所欲不逾矩"之年，独力挑战传统成说，与之颇多相似。说起来，其形象还与全世界闻名的唐·吉坷德相似呢。

繁塔不是残塔？开封文史界虎躯一震！齐白石衰年变法得罪了不少同人，这个观点的提出，也让不少文史学者不能接受。

2015年，作者这一观点的初步论文在"开封市首届历史学研讨会暨开封历史文化及其现代价值论坛"上发表。大概因为这个会是我策划并致开幕词的，不久，我的电子信箱收到了署名"两个开封土人"的来信，指责该文"错误太明显"，主要列举了"铁塔和繁塔的高度对比问题"、有无"铲王气"问题、"铁塔只达繁塔腰"等三个大问题，维护传统定论，认为"民间传统文化不能随意否定"。两位先生很赤诚，好心好意，也有一定的见识，但又很隐蔽。不署名也罢了，邮件也是通过第三者——打印社发来的。以至于我想回信表示敬意和感谢也无法做到。其实，学术争论是大好事，是很正常的学术行为，越争论、越批评，越有利于发展改进。我只好将此信转给宋先生，请他认真拜读，有所改进。后来，官方出面又邀请国内著名古建等专家和市内历史、建筑、佛教、美术等专家，召开主要目的是征求意见的研讨会，予以批评论证。至今又是三四年了，数不清他到底改了多少遍，仅仅是我就看了不下七八遍，眼睁睁地看着其文笔从蹒跚逐渐矫健，其论证从单薄日臻丰厚，他真下功夫，真是痴迷！

　　繁塔旁有棵著名的老槐树，从小就听说上面住着一个白胡子老头，当地居民传说先有树、后有塔。《开封古树名木一览表》（1994 年）中，此为 29 号国槐，明确标着树龄为 1156 年，也即此树始于唐文宗末期。2011 年，我正在研究北宋开封气象编年，想借用自然科学的方法，通过树木的年轮验证每年的气象状况，专门从郑州请来河南农业大学的树龄测试专家打孔采集年轮。结果专家说此树顶多只有二三百年的寿命，并说根据其了解的理论和实践，开封不可能有上千年的树木。失望之余，颇多感叹：传说与事实之间，不啻霄壤！任何没有证实的传说，都不能当成史实。

　　一个新观点的推出，哪能没有错误呢？老师宿儒尚且难免，何况这是非专业者的处女作！即便错误多多，仍有意义：引起了学界对繁塔的关注，引起了争论，从而促进有关研究的开展。我们还要充分肯定的，是这种勇于创新精神，大力赞扬的，是晚年跨专业的钻研精神。其执着热忱，不仅仅是践行活到老学到老，更是老当益壮的一个鲜活标本。本书乃老树新葩，安知不会抽条发枝，再现青春？这一事业则是他人生中的一抹晚霞，且斑斓澄澈，亮度浑厚，大有直接转变成晨曦的势头，还不值得祝贺？

　　　　　　　　　　　　　　　　2018 年 8 月 4 日
　　　　　　　　　　　　　　于河南大学历史文化学院

前言

　　肇造于北宋开宝七年（974）的繁塔，以其庄重、独特的身姿兀立于古都开封，已有一千余年。它的塔型异乎寻常，下部三层是粗大的六棱柱楼阁式塔身，上部突变为细高的六棱锥形小塔。近处观看，甚似一座断塔（图1），远远望去，又宛如一个巨大的铜钟落地（图2）。这样的塔身，正是建造师原始的"形象"设计，这一罕贵造型，在中国古塔中堪称举世无双的孤例。

　　不仅如此，塔身内外墙面镶嵌着6925块佛像砖，其制作之精美，工艺之精湛，无与伦比。这种始于北宋的六边形仿木楼阁式砖塔，以陶质佛像砖遍饰塔身之作，开创了中国佛塔的独立门类。

　　千年以来，繁塔几无毁损，是未经过大修、完保原真的北宋遗构，保有丰富的、难得一见的文物信息，蕴含着北宋文化、建筑、艺术、宗教等多方面的珍贵资料。

　　但令人痛惜的是，明代人对它出人意料的塔型不理解，嘉靖年间，产生了一个因明初"铲王气，塔七级去其四"的传说。意思是繁塔原为七层，因明初削藩的政争，被拆掉四层剩下三层。但明万历间的另一碑文，却以"仅留四级"四字，强调"塔七级去其四"应留三层，与三层加小塔统算"四级"的实际塔型不合，暗示这个传说是无稽之谈。而清代的文人则据塔身"九层宝塔"的碑文，直批"塔七级"的说法为臆断。

到了20世纪80年代，有篇支持明初"铲王气，塔七级去其四"传说的文字面世，辩称繁塔"原九层"，在元代先毁掉两层剩七层，明初又拆四层，故只余三层。21世纪初，文物界似乎认识到明初"铲王气，塔七级去其四"的传说漏洞百出。一锤定音说"原为九层，据载，宋末元初繁塔曾遭雷击，上部六层毁"，故剩下"残留的三层塔身"。到清代在残塔上补建了小塔，形成现存塔型。

可以讲，数百年来有关繁塔原型的猜测莫衷一是、争议不断。

直到今天，各种书刊、媒体、文物界、古建史界，无不异口同声地宣称：现开封繁塔，只是宋代繁塔的三层残余，不是宋代的原型。

然而塔身的史实绝非如此！有关繁塔现存塔型的所有解读，都是错误的认知。事实真相是，现塔身就是北宋原真的、完整的塔型。这么一个真实存在，处处可以验证的古建筑实体，究竟是原真还是残断之余？绝没有"哥德巴赫猜想"课题那么难以破解。这样一个500年未了之学术公案，是该给它做个科学的、正确的、正式的了断了！

图 1　近看似"断塔"

图2 远观如"编钟"

目　录

一

建筑史界对现存塔型有过什么认知

受历史文献影响，且受限于当年无法登塔考察内部结构的局限，中外建筑史学者考察繁塔后，只有对繁塔原型推测的心路信息，均未见到他们的确切结论。

1.1 中外建筑师对塔型的百年困惑

早在1908年前后，德国工程师柏施曼穿越中国十二省，对中国古建筑进行了广泛考察。其中也很下功夫地考察了开封繁塔，这是近代建筑学专家对繁塔进行的首次专业造访。在柏施曼的《中国建筑与宗教文化·宝塔》一书中，有他110年前绘制的繁塔图纸，以及他对繁塔塔型的研判和推测。

柏施曼先生说："中国宋朝的都城开封府，拥有两座精彩的砖石塔。最早都建于宋代初年，不过它们外形迥异，分别是六角形的国相寺繁塔，和八角形的全部上了釉彩的铁塔。由于繁塔令人印象深刻的上下两段突变式造型，本书在这里就专门介绍它。"[1]

繁塔上的"这个金字塔尖加在塔身之上，相当于第四层。其造型让人联想到兖州府的（兴隆）塔。繁塔977年当初的塔型，有可能类似兖州府塔那种样子。不过，也有可能加上个金字塔尖，是后来接建时不得已采取的办法，以便让这个庞大的塔能够暂时封顶。假如塔的造型原来是这样的，那么它应该是兖州府塔的样本，因为后者是在其后的982年所建。开封寺院里的碑文提到繁塔原来有九层，故书中的复原图是依碑文

[1]〔德〕恩斯特·柏施曼：《中国建筑与宗教文化·宝塔》，德古意出版社，1931年版，第61页。

说的九层，将层级相应增添后画出的，估计原塔高可达 66.5 米"[2]。

柏施曼先生觉得"这个金字塔尖加在塔身之上，相当于第四层"的感受和看法，与 290 年前明代陈嘉俞碑文中"仅留四级"的说法完全一致。也证明了陈嘉俞在 1617 年看到的繁塔，就是"金字塔尖加在塔身之上"，而非光秃秃的"止遗三级"。

柏施曼先生还说"今天的繁塔虽然高度不高，但和西安府的大雁塔一样属于中国最宏伟的塔之一，它清晰明确地展现了古代建筑雄壮的特点（图 3），通过宏大的造型和基底面积来给人以深刻的印象。"[3]（以上由朱易节译）

恩斯特·柏施曼一面盛赞繁塔"上下两段突变式造型"，令人印象深刻，一面对文献里说繁塔曾经九层高，看到的却是粗壮的三层塔身上，有个"金字塔尖"的造型困惑不解。是不是繁塔当初就像兖州兴隆塔那种样子呢？只好用兖州兴隆塔的外形，类比繁塔的原型。想象着宋代繁塔可能是"依碑文说的九层"上，再"加上个金字塔尖"的形式。柏施曼先生画的繁塔剖面图不对，平面图也没有画内蹬道（图 4）。可见柏施曼先生没有登过繁塔，对三层塔身内部结构一无所知。

很明显，柏施曼推测宋代繁塔和兖州的七层兴隆塔近似，整体塔身是在现有的"二层双檐、一层单檐"上，再添加六层单檐，宋代的小塔像"金字塔尖"置于"九层"繁塔之上。他借鉴兖州兴隆塔（图 5），画出的现繁塔剖面图（图 6）当然也是错误的，与繁塔的实际构造完全不符。

日本建筑史专家关野贞，在 1918 年前后也曾来到开封考

[2]〔德〕恩斯特·柏施曼：《中国建筑与宗教文化·宝塔》，德古意出版社，1931年版，第 62 页。

[3]〔德〕恩斯特·柏施曼：《中国建筑与宗教文化·宝塔》，德古意出版社，1931年版，第 67 页。

图 3　柏施曼绘繁塔立面图

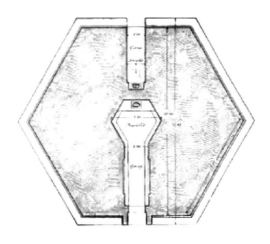

图 4　柏施曼绘繁塔平面图

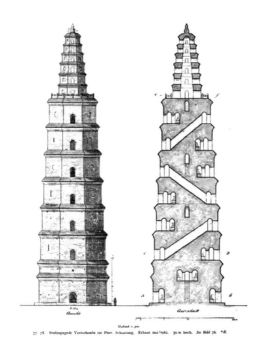

图5 柏施曼
绘兖州兴隆寺
塔

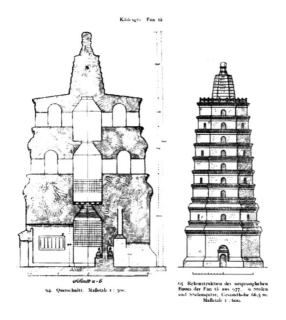

图6 柏施曼
绘繁塔剖面图
和原型想象图

6

察过繁塔。他的《中国文化史迹》中记述了考察繁塔后的思考："在城东边繁台前的寺院，五代周显德元年（954）建。又叫'天清寺'或者'白云寺'，又叫'繁塔寺'。宋太平兴国二年（977）修，明洪武十七年（1384）改成现在的名字（国相寺），正德十五年（1520）重修。（繁）塔经历过重要的变迁。从塔南边 50 间（间：日本柱子到柱子间的距离，1.82 米）的地方，有一个万历四十五年（1617）关于重修的碑可得知此事。从这个碑文可以知道，寺是后周的显德年间所创立，塔是宋朝的太平兴国年间所建。元末兵乱这里曾是一片荒废的地方，洪武年间重修寺院的时候，上面五层毁掉，留下了下面四层。但是从现状来看（塔身是三层），碑文所指出留下了四层，是当年数字上的错误，还是数年后又撤下了一层就不知道了。是不是万历四十五年（1617）寺院又经过重修，明末流寇时又再次被破坏了？"[4]（王毅劫节译）

这是近代建筑师对繁塔进行的另一次专业性考察。关野贞专门提到，当年在繁塔南边约 100 米处，还树立着一块万历四十五年（1617）陈嘉俞的重修国相寺碑刻。说是繁塔"上面五层毁掉，留下了下面四层"，这与嘉靖六年（1527）李梦阳所撰碑文中所说的"国初铲王气，塔七级去其四"，应该存留三层的说法完全不同。

关野贞非常困惑，他看到的繁塔看上去只有三层，为何万历四十五年（1617）的碑文中有"留下了下面四层"的说法呢？是当初写错了还是碑刻错了，还是繁塔后来再次遭到损坏，又少了一层呢？可见，关野贞被两块内容矛盾的碑文搞得一头雾水，得不出确切的结论。

---

[4]〔日〕常盘大定、关野贞著：《中国文化史迹》第 5 卷，法藏馆 1941 年，第 44—45 页。

我国老一代建筑大师杨廷宝先生，早年就读于开封的"河南留学欧美预备学校"（河南大学前身），他对于开封的文物古迹应当是比较熟悉的。

20世纪30年代，他在"营造学社"工作期间写过一篇《汴郑古建筑游览纪录》，文中提及繁塔。杨先生说："繁塔当建于宋初，惟《汴京遗迹志》谓'宋太宗太平兴国二年重修，元末兵燹，寺塔俱废，国朝洪武十九年，僧胜安重修'。又明万历四十五年（1617）周藩《繁塔寺重修记》谓：'繁台寺三，而天清其鼻祖也，肇建五代，周显德中为天清节，故以名寺，而今所称繁台塔者，即当日兴慈塔也。宋太平兴国二年重修，元末兵燹，寺塔俱废，国初复重建而削塔之顶，仅留四（疑为三之误）级，则空同子所考为铲王气故耳。'"[5]

杨廷宝先生不仅引用了明嘉靖李濂《汴京遗迹志》："元末兵燹，寺塔俱废，国朝洪武十九年（1386），僧胜安重修。"的说法，随之也节录了明万历四十五年（1617）周藩《繁塔寺重修记》碑文中，关于"国初复重建而削塔之顶，仅留四级"的碑文。对其中"削塔之顶，仅留四级"的说法也感到奇怪。

这是为什么呢？也是因为明嘉靖间李梦阳在碑文里，有"又国初铲王气，塔七级去其四"一句。照理，七级塔若去掉四级，应该"留三级"不会留四级呀？因此，他认为"仅留四级"的"四"字，似乎是"三"字之误。

杨廷宝先生还说："然则繁塔之创建年月，为周为宋，究未易断定也。塔为六角形，现只余三层。塔身遍镶小佛像砖。下层每面约宽14.1米，南北有门，南门入口直通塔心六角小室，其壁面亦镶小佛砖如外檐。而室顶则施叠涩三十层，中央

[5] 杨廷宝：《汴郑古建筑游览记录》，《中国营造学社汇刊》，1937年第6卷第3期，第7页。

留直径 2 米余之孔，由下层可望见二层以上。北门入口为梯间，但刻已封闭，未能攀登。三层以上，明初拆去，改建六角形五层小佛塔之塔尖，而冠以宝顶，虽非当年原状，而塔之雄姿固未尝少杀也。"[6]

在此，杨廷宝先生援引明代"铲王气"之旧说。认可"三层以上，明初拆去"，他觉得三层上的五层小佛塔（杨说小塔五层），应该是"改建"的。但什么时候"改建"的呢？杨廷宝先生并未明确。不过，依据行文语气，似应指"明初"拆去上部后又重新改建的。

这段话反映出杨廷宝先生和柏施曼、关野贞等一样，不仅见过嘉靖年间李梦阳的碑文，也亲眼见过万历四十五年陈嘉俞的"周藩繁塔寺重修记"。并对陈碑中"仅留四级"与李碑"塔七级去其四"应留三级的明显差别，因困惑而猜测。杨廷宝先生和关野贞一样，提供的繁塔平面图只画了单侧蹬道（图7、图8），当然是完全错误的。这也许是他直接援引了关野贞的底层平面图，说明他们都没有搞清繁塔的内部构造。

著名建筑大师梁思成先生在 20 世纪 30 年代也考察过繁塔。他在考察后称："繁塔，开封县之名胜也，塔建于宋太平兴国二年（977）。平面六角形，现只存三层，乃明初为'铲王气'削改之余，原有层数已不可考，塔中心为六角形小室。室顶叠涩，中留小孔，由下可望见二层以上。三层以上，改建六角形塔尖，已非宋代原状。"[7] 梁思成先生仅据"铲王气"之说，认同了"三层以上，改建六角形塔尖，已非宋代原状"，但对繁塔原型的推测梁思成先生却相当谨慎。他觉得不同碑文相互

［6］ 杨廷宝：《汴郑古建筑游览记录》,《中国营造学社汇刊》, 1937 年第 6 卷第 3 期，第 8 页。
［7］ 梁思成：《梁思成文集（三）》，中国建筑工业出版社，1985 版，第 150 页。

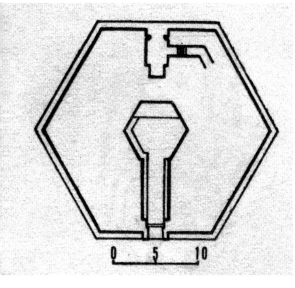
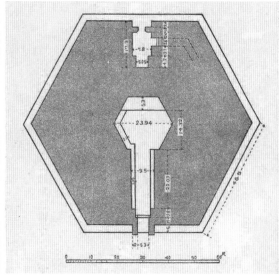

图 7 杨廷宝的内蹬道图　　　　　　　图 8 关野贞的内蹬道图

矛盾，不可轻易采信，明确指出"原有层数已不可考"，显见其对"塔七级去其四"传说的怀疑。不难想象，以他深厚的文史功底和建筑学素养，对硕壮的繁塔会因莫名其妙的缘故人为拆毁，必然有所质疑。

　　梁思成和杨廷宝先生都说六角形塔尖是改建的，是基于他们当时考察繁塔的条件。正如杨廷宝先生所说的"北门入口为梯间，但刻已封闭，未能攀登"，也就是说他们二人并未登塔，仅在塔下远远望去而已，无从考察繁塔的内蹬道、小塔与下部的结构关系，以及小塔到底几层。

　　著名学者郑振铎先生于 1956 年初来汴视察时，也对繁塔的怪异塔型作过推测："这个塔的形状十分古怪，大塔只有三层（不像是塔基）。在第三层上面又建了一个小塔，十分地不相称。我怀疑在建造大塔时，造到第三层经费就没有了，或因什么事变，竟中止继续造下去。后来的人就在这上面，草草地

10

造成了另一个小塔以完全这个'功德'。从来没有见到过另一座和它形制相类的塔。"[8]

郑振铎先生直觉感到这样下粗上细的怪塔型，世所少有。但并不像是遭人为或自然力破坏的，也许是因故停工后，又续建的"半拉子"工程。

现存20世纪50年代《开封繁塔》图片的注文，这样描述繁塔："相传原有九层，元末战乱时上部数层塌毁，明洪武时修改为三层低塔。明清两代重遭黄水，又将塔之下淤没。所存现状，古穆可爱。"（图9）

因考虑到相传的史料并不确切，故语气谨慎而含混。说

[8] 郑振铎：《艺术考古文集》，文物出版社，1988年版，第531页。

图9 旧照称元末兵毁明改为三层

"元末战乱"时塌毁，但不讲元末具体毁了几层，又讲是明洪武间"改为三层"，也不讲明洪武间"改为三层"时是否加建了小塔？可见，开封的老一辈学者，并不认可有明初"铲王气"拆毁繁塔的信史。

限于无信史可依、无公认定论可循，新世纪初，郭黛姮先生新编的《中国古代建筑史》第三卷中，仅有"开封繁塔，三层上加七层小塔"[9]十二个字。作为严谨学者，她只概述现有塔型，对现塔型是否为宋代原状，抑或后经毁损和加建，她一概刻意回避。

近代中国对古建筑研究之精深，当推梁思成、杨廷宝等诸位前辈。由于他们没有条件对塔型做细致、精准的考察，虽有质疑但无暇细究。二位大师尚且例援旧说，现今学界论及繁塔更难免顺辙随俗。

值得关注的是，国内外建筑专家，有一共识，大都没有被明初"铲王气，塔七级去其四"所迷惑。特别是梁思成先生断言"原有层数已不可考"！既不受"塔七级"蛊惑，也不认同"原九层"，毕竟是大师。

1.2 史学界学者的繁塔演变史

1986年《中国历史博物馆馆刊》第八期刊载了《开封宋代繁塔》一文，该文别开生面地推导了一套繁塔的"演变史"：

首先谈到繁塔有损坏情况的是元人曹伯启，他在《陪诸公游梁王吹台》的诗中说："百鸟喧啾塔半摧，荆榛掩映台前路。"在这里，曹氏谈到了"塔半摧"这一重要现象。按曹诗作于泰定（1324—1327）初，这说明至迟在元代中期时，繁塔的上部已经开始损坏了。但当时坏掉了几级，始终没有交

---

[9] 郭黛姮主编：《中国古代建筑史》卷3，中国建筑工业出版社，2009年版，第465页。

待。迨至明朝时期，有关繁塔损坏的记述就比较多了。在明成化《河南总志》和李濂《汴京遗迹志》中都有"元末兵燹，寺塔俱废"的话，但从这些记载中，同样难以得知繁塔当时究竟坏到了什么程度。最能说明繁塔型体演变历史进程的，要数明嘉靖六年（1527）李梦阳撰写的《国相寺重修碑记》：

国相寺，繁台前寺也。台三寺，后曰白云，中曰天清。塔断而中立，鹳巢其上嘎嘎鸣。……又国初铲王气，塔七级去其四。

这段文字不仅告诉我们，在元代时繁塔已经开始损坏，明朝初年因"铲王气"又被拆去四级，只留下三级，而且也帮助我们解决了元朝时繁塔究竟坏掉几层的疑难问题。

既然在明初铲王气时还实有七级，那么，在元朝时摧掉的自然就是两级了。那么，今天繁塔顶上的那个尖峰又是何时建造的呢？关于这个问题至今尚未见到明确的记载。过去流行的一种说法是在明初铲王气之后修上的。其实不然，在明人写的《如梦录》中，谈到繁塔时曾有这样的话：明末摧毁，止遗三层，内空虚如天井。这是直到明末繁塔顶上都未修筑尖峰的有力证明。因为只有拆毁后上面敞开着口，人们进入塔中，才会产生犹如天井之感……繁塔原为"九层"，高"二百四十尺"。元代开始"半摧"，实际上坏掉两级，尚有七级。明初又将残存的七级铲去四级，只留下我们今天所看到的三级。清朝时又在三级之上加筑尖峰，最后形成了今天繁塔的奇特面貌。[10]

该文完全采信了明代李梦阳《国相寺重修碑记》"国初铲王气，塔七级去其四"一句为立论依据。

很明显"塔七级去其四"这句话设定的前提是明代初期的繁塔必须是七级。但又因繁塔二层佛洞内的宋代碑文有"九层宝塔"几字，所以"塔七级去其四"的说法，在清代就曾遭开

---

[10] 王瑞安、魏千志：《开封宋代繁塔》，《中国历史博物馆馆刊》，1986年8期。

封儒士常茂徕的质疑。常茂徕说应该是把原"九层宝塔"铲掉六级，才会剩余三级。所以常氏指出"国初铲王气，塔七级去其四"的说法"特臆度之耳"[11]、"殆失考也"[12]。怎么来弥补这一纰漏呢？

针对常茂徕的这一质疑，该文特意对此作了辩解，即把元代诗人"塔半摧"的塔型比喻，解读成繁塔在元代已经"先坏掉"两层，以至于到明初只剩七层了。

这篇文章把繁塔的现塔型，描绘了一个渐变过程。说是宋代的繁塔为九层，到元代毁掉两层后剩七层，明初再铲掉四层，故只剩下面三层。到了清代，才在残塔上补建了小塔，从而形成了今天颇为奇特的塔型。

近三十多年来，这篇关于繁塔塔型"演变"的文字，基本框定了史学界、文物界、建筑史界、出版界、旅游界和传媒界的认知。

有的说："宋开宝七年（974）重修天清寺时建此塔，塔原为九层，元初塔上部遭雷击毁，元末又遭兵火之劫，明永乐（1403—1424）将三层以上拆除，后清代又在三层以上加建六级小尖顶塔，成了现在的塔型。"[13]

有的说："明初朝廷为惩戒周王的图谋不轨，派员到开封'铲王气'，'塔七级去其四，止遗三级'。后人在残塔上增筑了小塔。"[14]

有的说：这里（繁塔）的真迹也只是宋代的身子清代的

---

[11]〔清〕常茂徕：《繁塔非建自周考》，（光绪）《祥符县志》卷20《丽藻考》第7页。

[12]〔清〕常茂徕：《繁塔寺记》，〔清〕刘树堂等修：（光绪）《祥符县志》卷13《祠祀寺观》，第40页。

[13] 林洙编：《中国古建筑图典》，北京出版社，1999年4月第1版。

[14] 曾广庆：《古都开封的文物古迹遗存》，《中华文化画报》，2002年第6期，第15页。

帽。"[15]

有的说："元代时塔已'半摧'，明初因'铲王气'而'止遗三级'，清初在三层塔身之上加筑六角形砖制塔刹，从而形成了'浮屠三级真幽怪'的奇特造型"。[16]

有的说："开封繁塔，建于北宋开宝七年（974），六角形楼阁式砖塔，现高 36.68 米。原为九层，明初为'削王气'，将塔拆留三层。清代在其三层之上加筑七级小塔，形成现存的特殊塔型。"[17]

有的说："这一座北宋大塔至今仅余下层，后人在塔顶上又加建了一座小塔，用以收尾。"[18]

有的说："此塔系用不同的加釉灰色方砖砌成。通高三十七米，呈等边六角形。原为九层，高八十米。元末天清寺毁于兵火，九层繁塔也因雷击而严重受损，仅剩三层，后来在残存的塔身上补充修建了一座七层的小塔，作为塔刹，成为现在的样子。"[19]

有的说："原为九层，元明时已毁，明代时在三层平顶上加筑七级小塔，便形成现在的特殊形式。"[20]

也有的说："相传有一条秃尾苍龙，性情暴躁，有一天去东海探母，途径开封上空，因繁塔太高，它将尾巴甩在塔上，作短暂休息。临走时不在意，竟将上半部卷到东海去了。此说当然不足信，它可能反映了一个事实：由于自然灾害，如雷

[15] 田肖红、黄勇著：《巍峨奇观·开封繁塔》，河南大学出版社，2003 年版，第 138 页。

[16] 杜启明编：《中原文化大典（文物典·建筑）》，中州古籍出版社，2008 年版，第 116 页。

[17] 杨焕成：《杨焕成古建筑文集》，文物出版社，2009 版，第 60 页。

[18] 张驭寰：《中国佛塔集萃》卷 1，天津大学出版社，2010 版，第 139 页。

[19] 释慧如著：《中国佛塔》，上海社会科学出版社，2012 年，第 137 页

[20] 河南省文物局编：《河南文物志》上卷，文物出版社，2009 年版，第 287 页。

击等原因，此塔上半部被损毁了。故文献记载：'明初摧毁，止遗三层。'后来人们又在残存的塔身上修建了一个七层的小塔，作为塔刹。于是繁塔构成了今天不同寻常的塔上有塔的形状。"[21]

繁塔文物管理所的文物简介牌曾称："繁塔建于宋太祖开宝七年（974）。塔高九层，二百四十尺。元代塌为七层，明代只剩三层，清代于残塔上筑个九级小塔，封住塔顶，形成现在状如编钟的独特面貌。"[22]

直至 2018 年初，新开馆的"开封博物馆"仍在宣称，繁塔"原为九级，极为壮观。至元、明两代，由于自然和人为的损坏，只余三级。后人在残塔上增筑了小塔，形成了如今独特的钟式塔型"[23]。即对毁损的因由和"演变"，一概刻意作了隐性化处理。

仅凭上述五花八门、相互抵牾的说法，就可以断定，所谓明初"铲王气"繁塔被拆掉四层，清代"增筑了小塔"等完全是虚构的东西。所谓"由于自然和人为的损坏，只余三级"，更是明知无据可依的无奈托词。

可见，近世学界对繁塔的塔型，既没有做过认真考察，更没有进行过严谨研讨。显然就不可能有一致的、正确的认知。

1.3 文物部门关于繁塔塔型的新说法

2011 年，由河南省文物局编撰、文物出版社出版的《全国重点文物保护单位——河南文化遗产（一）》一书，对繁塔重新作了认定："繁塔为六角形楼阁式砖塔，原为九层，据载宋末元初繁塔曾遭雷击，上部六层毁，清代初年在残留的三层

[21]　罗哲文：《擎天摩云的七宝庄严——古代名塔》，辽宁师范大学出版社，1996年10月，第110页。

[22]　见开封延庆观繁塔文物管理所之"繁塔简介"铭牌。

[23]　开封市博物馆"兴慈塔"铭牌。

塔身上修建七级小塔，形成今天的特殊形式。"[24]

这个最新见解，摒弃了古儒今贤的观点，彻底否定了繁塔元代时已经坏掉两层，明初因"铲王气"又被拆去四级的演变史。但又提出宋末元初繁塔因遭受雷击，把原九层直接毁掉了六层的新结论。无异于用更突显的臆想，去替换原有的错误旧说。

因为，这个新见解中煞有介事的"据载"二字，实在是凭空而来。

第一，除明嘉靖间的"铲王气"传言之外，成化的《河南通志》、嘉靖李濂的《汴京遗迹志》、万历陈嘉俞的《周藩繁塔寺重修记》，都沿用同一种说法："元末兵燹，寺塔俱废。"[25]都没有繁塔遭雷击，断掉六层的文献记载。而且说因"兵燹"而繁塔废，发生在"元末"，说"遭雷击"却是在宋末元初。所谓"据载"的出处又在哪里呢？

虽有人用元诗"塔半摧"三字解读，是元代先毁掉了两层。而"遭雷击"的说法，却是稀里糊涂一下子断掉六层，句句矛盾。

第二，清人李为淦写过一篇《繁塔寺开山记》[26]，文中将顺治二年（1645），福建的桂山和尚由闽赴五台途经开封，"见塔甚奇古"便留居于塔洞，艰苦创建寺院的事迹，记录得非常详细。他亲见的繁塔是奇，是古，既非毁也非断。而且，前些年他就住在塔洞里，直到康熙九年（1670）桂山和尚圆寂，25年间他只做了复建寺院的事。《繁塔寺开山记》中对维修"断塔"和改建小塔的事，并不曾有只言片语。

---

[24] 河南省文物局编：《河南文化遗产（一）》，文物出报社，2011年版，第229页。

[25] 〔明〕陈嘉俞：《繁塔寺重修记》无存，节录见《滕固论艺》，上海书画出版社，2012年版，第152页。

[26] 〔清〕李为淦：《繁塔寺开山记》，〔清〕刘树堂等修：（光绪）《祥符县志》卷13《祠祀寺观》，第35页。

顺治二年（1645）至其后的 25 年时间，当然是清代初年。要知道，在 20 多米高的"断塔"上，把横断面整修成一个 260 多平方米的平台，再添建上 8 米多的小塔，比复建寺院里的任何工程都难。但《繁塔寺开山记》对"修建七级小塔"的事怎会只字不提？"清初"修建小塔的文献，究竟据载于哪里？

无疑，把明初"铲王气，塔七级去其四"的谣传，转换成宋末元初繁塔曾"遭雷击"断掉六层的新说，根本没有依据。至于说宋末元初繁塔就"遭雷"击断，到 360 多年后的清初，才补建"小塔"封闭塔顶的说辞更随意。

1.4 雷击毁塔六层之说更不靠谱

《全国重点文物保护单位——河南文化遗产（一）》的这一结论，明显否定了"国（明）初铲王气，塔七级去其四"[27] 的传言。本来，清除这个无厘头的世俗传言是合理的，但贸然无所本地作出"据载宋末元初繁塔曾遭雷击，上部六层毁"的结论更不靠谱。

其一，如果"宋末元初"的雷击，能把繁塔毁掉六层坍塌为三层，元人曹伯启形容的"塔半摧"，反倒成了历史真实。按逻辑，根本不会再发生明初"铲王气，塔七级去其四"的事。并且明初洪武以及嘉靖、万历间的多次重修寺院的活动，都应该是围绕一个残缺不全的三层断塔进行的。可是，明代不仅多次修建寺院，还给繁塔修补了 1400 多块佛砖，这是确切的事实。难道说明代人置"断塔"于不顾，只给塔身补点佛砖？拖了 360 年留待清代才建小塔"封顶"？故元初毁塔六层到清初添建小塔云云，显然有悖于明代多次重修了寺院，却置"残塔"于不顾的逻辑。

---

[27]　河南省文物局编：《河南文化遗产（一）》，文物出版社，2011 年版，第 229 页。

其二，繁塔曾遭雷击之说，是指"宋末元初"的一次雷击吗？一次雷击有多大的破坏力，能把横截面二三百平方米的砖石塔身，拦腰切断六层？

繁塔是塔壁很厚的空心塔，壁内蹬道约有 1 米宽，塔身相当于有双层外墙围合。当它遭受雷击，应主要是蹬道外壁的竖向坍塌，不会横向剪切。塔壁不可能在三层以上，同程度、同形态地毁坏。比如河北定州料敌塔，塔外壁坍塌时内壁并没有同时毁损。很难想象一次雷击，把粗壮的、所谓"原九层"的繁塔横向斩断六层，是怎样的破坏状态？

其三，如果说是在"宋末元初"之后，同一座繁塔，间隔不断地遭受多次"雷击"，造成不同时间的多次坍塌，又极其怪诞。因为在自然界和人类历史上，委实没有类似的现象或实例。

其四，当繁塔上部六层被雷击毁，坍塌的砖石对下部的撞击力不可小觑，现下部三层怎么能完好无损呢？又怎么能恰好断到三层的平台，让 300 多年后的清代人，刚好补建上个小塔完事？

其五，1983 年维修繁塔时，文物专家王瑞安先生指出，小塔上"所用材料都系原塔拆下的旧料"[28]。譬如现小塔 134 块佛砖中，就有 113 块是宋代原有的，其余 21 块是明代或 1983 年仿制修补上的。

我们也知道下部三层蹬道上有 155 块宋代蹬道额石。那么，若"上部六层"蹬道倒塌下来，必然会有二三百块额石塌落下来。额石可比砖材更坚固易存，倘若小塔上的各种宋砖，到清初尚能轻易找到，那怎么连一块额石也没有发现过呢？而在繁塔的院落里，却至今仍保留着甚多宋代建筑的柱础石（图

[28] 王瑞安：《千年繁塔重修记》，《开封文博》，1999 年 1—2 期，第 6—9 页。

10）。

另外，建筑大师梁思成谨言慎语的"原有层数已不可考"，显然是很难讲繁塔原型的样子的意思。新见解

图10 繁塔院内现存宋代柱础

却斩钉截铁地认定"原为九层"，几十年来找到的新依据和定案的底气，从何而来呢？

所以，将塔毁的时间节点含糊界定，将自然灾害的作用无限夸大，这个"曾遭雷击"将繁塔"上部六层毁"的新说法，显得非常苍白无力。

可以讲，开封繁塔的塔型问题，搅动起文史界、建筑史界一池涟漪。时至今日，既说不清原委，讲不清道理，找不到证据，又没有可信的逻辑。学界竟仍然把繁塔作为"上部六层毁"掉后"残留的三层"来认知。这样下去，哪一种见解可以采信？按什么口径宣传这一古建遗产？

当前，信息传播的手段多样、方式便捷迅疾，我国一些权威的文物论著和书刊，会不费吹灰之力地无边界流传。开封繁塔究竟何以断？到底残不残？几百年都没搞清。难道我们还可以听任这种莫衷一是的错误认知，继续流传在社会上，出现在媒体中，书写在学术刊物里？

二

错误的塔型结论有损繁塔价值的认识

文物建筑的完整性和原真性，是其文物价值的根本性指标。若真是"原九层"毁断为三层残塔，与现三层繁塔就是宋代原型有着天壤之别。

1978 年开封市文化局向上级打了一份《呈请将我市繁塔列为第二批全国重点文物保护单位的报告》，该报告文献资料详尽，研判态度客观谨慎：

> 塔的基础（应指下部）非常庞大，与塔高相比不相协调，看上去好象是一座未修竣的砖塔。因此，对塔的级层问题历来说法纷纭。宋人陈洪进在太平兴国三年舍银入缘碑记中说：'九级（层）宝塔，近立崇基。'照此记载当时确计划建塔九级，但陈洪进在刻石时正值塔立崇基，并未建成，最后是否建成九级或何时建成，尚无确据。该塔是按原计划建成九级，或只建成一部分；是元代时因故半摧，或是曹伯启看到的本来就是宋人没有建成的塔；是明初因"铲王气七级去其四，止遗三级，或是元末兵燹塔毁。这些问题有待于今后详细研究文献记载，并结合对塔进行实地考察，才能有所澄清。[1]

可见，开封市文物部门当时对任何一条文献记载，从没作过明确了断，对文献中相互抵牾的记载，质疑之意溢于言表。但是，如此客观慎重的科学态度，没有得到认真对待，反而落了个"疑案"实判的效果：上级部门竟当真否定了繁塔的完整性，排斥了它是宋代重要"古建类"文物的资格。在已公布的所有"古建筑类"全国重点文物保护单位名录中，并没有繁塔的名字。

从 1978 年开封市就申请繁塔为第二批"国保"，一直搁置

---

[1]　开封市革命委员会文化局汴文（78）67 号《呈请将我市繁塔列为第二批全国重点文物保护单位的报告》。

到 1988 年审批第三批时，才在"北宋东京城遗址"国保单位名目下，将它挂靠于"遗址类"文物项目中（图 11）。以"含繁塔"的方式作权宜性处理。

北宋东京城遗址（含繁塔、延庆观） 第三批全国重点文物保护单位

北宋 The site of Dongjing City in the Northern Song Dynasty

(including Po Tower and Yanqing Taoist Temple)

图 11 古建类繁塔列入"遗址类"

按常理，任何文物的真伪、断代、品相、传续，都要经严密的论证和科学的鉴定程序。繁塔究竟是古遗址呢？还是应归类于古建类文物？既没有对文献作深入研究，也没有对塔型作科学的考察鉴定。怎么能在权威的出版物中，宣称它是"宋末元初繁塔曾遭雷击，上部六层毁"的残塔呢？

这个完全错误的结论，加重并固化了学界对繁塔的谬误认识，影响了它应该是名副其实的古建类，而非"遗址类"国保单位的地位。从而，造成这个本该属于罕珍"古建类"文物的价值被贬损、降低。

2.2 误导了学术界对繁塔的正确认知与评价

当今各种古建史类书刊，提及繁塔的文字要么含糊其词，要么荒唐错乱。比如，释慧如编著的《中国佛塔》说："此塔系用不同的加釉灰色方砖砌成。通高三十七米，呈等边六角形。原为九层，高八十米。元末天清寺毁于兵火，九层繁塔也因雷击而严重受损，仅剩三层，后来在残存的塔身上补充修建了一座七层的小塔，作为塔刹，成为现在的样子。"[2]

这些话把志书中"元末兵燹，寺塔俱废"的文字，进行拆分组合：意思是寺院毁于兵火，繁塔却因雷击受损（起码还晓

---

[2] 释慧如著：《中国佛塔》，上海社会科学出版社，2012 年版，第 137 页。

得繁塔不会毁于兵火）。但因兵燹而"寺塔俱废"缘自明成化方志，雷击毁塔则是 500 年后的新说法。而原九层、80 米高，和后来建七层小塔之语，全是沿用并糅合了不同说辞的拼盘。至于说繁塔"用不同的加釉灰色方砖砌成"显为作者未亲见繁塔而杜撰的。

这能怪作者吗？不能！学界关于繁塔的各种错误说法，给世人造成认知上多大的困惑和错乱，由此一叶知秋。

对于繁塔，除 20 世纪初中外建筑师，德国人柏施曼、日本人伊东忠太、关野贞，大师梁思成先生、杨廷宝先生曾亲临考察外，原"中国营造学社"的鲍鼎先生在其《唐宋塔之初步分析》一文中，也盛赞繁塔与一般砖塔"大都外表朴素"[3] 不同，是"有施逾量之雕饰者"[4] 的罕见六边形宋塔。但他也受历史条件限制不能作详查细究，故也受由来已久的错误认知的影响，对繁塔塔型没做过任何解释。

总之，我国的古建史学者均忽略了对繁塔的研究，重要的古建史著作中都极少提及繁塔，至今还没有建筑学专家对繁塔有过正确的论述。

比如教育界、学界通用的刘敦桢先生主编的《中国古代建筑史》、潘谷西先生主编的《中国建筑史》，以及萧默先生主编的《中国建筑艺术史》等，对繁塔都一字不提。它真的没有学术意义吗？恰恰相反！

繁塔建于北宋开宝七年（974）是绝对可靠的，它无疑是我国第一座六边形楼阁式砖塔，也应该是北宋最早建造的楼阁式佛塔。因为，学界认可苏州的虎丘塔于 959 年始建，961 年即告竣工。这个仅三年就能建成虎丘塔的结论（若按另一物

---

[3][4] 鲍鼎：《唐宋塔之初步分析》，《中国营造学社汇刊》，1937 年第 6 卷第 4 期，第 24 页。

证，亦可认为是 1960 年 7 月始建，竟然一年半就建成），令人吃惊到难以置信的程度。但这个极短工期建成虎丘塔的不确切结论，却对繁塔在北宋建塔史上的地位起到了"逆淘汰"作用。因为虎丘塔和繁塔一样，实建于宋初而非不确切的"五代末"。据《中国古代建筑史》，在中国现存的各种佛塔中，实在还找不到五代，或真正在"五代末"建成的楼阁式砖塔的实例。

繁塔，无疑是我国第一座六边形楼阁式砖塔。它单边长度最大，基底面积最大达 500 多平方米。体量 8000 余立方米，实为中国第一大砖塔。

繁塔，塔身内外镶嵌着精美的佛砖。拥有一尺见方的宋代佛砖近百种，共计 6920 多块，每块都曾有或存有宋人的捐施题名墨迹。留存下来的历史文化信息之多，没有一座中国砖塔能与之相比。

尤其是，佛塔塔身密密麻麻"镶嵌"佛像砖的形制，渊源久远。北魏云冈石窟里，被誉为汉化佛塔祖型的"塔形柱"，和收藏于台北博物馆的北魏曹天度石塔，都是浑身雕刻佛像的多层楼阁式塔型，但那些都是石雕模型。真正见诸建筑类古塔，却是北宋这座繁塔肇始的。并且正是繁塔开创了"塔身"镶满佛像砖的、建筑类的佛塔型制，引领了河南及中原一大批镶嵌佛像风格的、楼阁式纯砖塔的建造和设计。如开封铁塔、济源延庆寺塔、滑县明福塔、蒙城万佛塔、尉氏兴国寺塔等几十座大型砖塔。这是江、浙、沪等南方地区的砖木塔所做不到的。这类形制的楼阁式塔，和江南的砖木结构楼阁式佛塔"一鸟双翼"，共同展现出宋代建筑文化的"强势"，并因而出现了中国佛塔的"繁丽时期"。

繁塔的内蹬道左右两侧对称，这种构造独一无二，设计绝奇。左右对称的蹬道上，共有 151 块宋代捐施人题名额石（石过梁）。其中，有纪年题刻的额石安装在什么位置，就证明当年施工到那个高度（如太平兴国七年的额石，在第一层上约10米处）。它们提供了繁塔准确的施工进度，这种古建筑史证现象，是我国古塔建筑上罕有的。

繁塔二层的北塔洞里，有16块施财捐物的石刻碑记，记载了信众捐施的千年账单，以及"助缘会""修塔会"等组织人员名单，使今人能够大体了解到造塔的部分经费和其来源。这个现象更是世所罕见的，且极可能是唯一的。

繁塔的塔心室很大，第一层达57平方米，三层的最小也35.7平方米。这在我国各种砖塔里可能是最大的。

繁塔，塔身结构明三暗五，相应的暗层也是数十平方米（图12），具有藏经储物的实用功能。并非如建筑史教科书所说"宋代砖石塔没有暗层"[5]。

图12 一、二层之间的暗层现状

繁塔六边、五檐、三层，除去缠腰砖砌叠涩不施瓦，砖斗拱、缠腰、平座、造型无不合于法式规制。在我国古代楼阁式砖塔中，这样现存的、完完整整的三层塔身也是唯一的。

但是，除了德国的柏施曼先生在110年前，赞叹道"今天的繁塔虽然高度不高，但和西安府的大雁塔一样，属于中国最宏伟的塔之一。它清晰明确地展现了早期建筑雄壮的特点，通

[5] 刘敦桢主编：《中国古代建筑史》，中国建筑工业出版社，1984年第2版，第224页。

过宏大的造型和基底面积来给人以深刻的印象"之外，建造繁塔的宋代工匠，基本没有得到过后世应有的赞誉！

甚至在梁思成先生、杨廷宝先生考察过繁塔之后的80多年来，我国的建筑史学者，鲜有关注、调研过繁塔者。主流的建筑史著作、古建类书刊，和高校的讲堂上，从来没有人对开封繁塔做过正确的介绍、讲解。

21世纪初，清华大学郭黛姮先生主编的《中国古代建筑史》卷三，在学术界、教育界具有重要影响。该书在介绍我国74座"宋、辽、金、西夏佛塔一览表"中，对繁塔仅注"开封繁塔，三层上加七层小塔"[6]一句。受国保文物分类规则制约，书中对繁塔也没有作"国保单位"的星形（*）标示。郭黛姮先生没有把繁塔视为"古建类国保文物单位"，但却把建塔时间并不确切的景德镇红塔（也有言其唐太和六年始建，甚至说明万历三年重建，历经79年建成）和977年始建的上海龙华塔，都排在繁塔之前（繁塔确凿建造时间是974年）。

可见，由于受学界错误认知的干扰，影响了郭黛姮先生对繁塔学术价值的重视。使这座原真性最强的宋代古塔，在这本应占一席之地的巨著里，被谨慎地一笔带过，几同无声无息，实在是令人遗憾的缺失！

事实上，北宋首都开封现存的繁塔，和另一座铁色琉璃砖塔都是郭黛姮先生强调的、宋代"中原强势建筑文化"的代表作。由此可知，开封北宋繁塔的建筑史学意义得不到正确认知，就不利于建立完善的、健全的《中国古代建筑史》。笔者相信，只要建筑史学者愿意接触开封繁塔，就会明白中国佛塔的"繁丽时期"，正是由开封的北宋繁塔开启！

---

[6] 郭黛姮主编：《中国古代建筑史》卷3，中国建筑工业出版社，2009年版，第465页。

三

历史文献并不能说明繁塔有过演变

3.1 繁塔在元代就是现在的样子

繁塔从宋代建成，就是"浮屠三级真幽怪"的独特形态，而且从未改变。后人对其形态的描绘，只是观感的书面表达，岂可当真做"断塔"看待？

元代泰定年间，曹伯启（1324—1328）有首《陪诸公游梁王吹台》的诗。其中有"塔半摧"三字，论者却用作繁塔在元代已经坏掉两级的凭据：

联镳沽酒上繁台，千古兴亡一回顾。

百鸟喧啾塔半摧，荆棒掩映台前路。[1]

诗中描述"塔半摧"，表述了曹伯启对繁塔塔型的视觉感受，是诗作者观感的形象描绘。很清楚，这三个字刻画了700年前繁塔给人的视觉感受：粗大低矮的繁塔看上去好像半截子塔，但并非是记述了繁塔已被毁损。

这个比喻很逼真，对繁塔原型的描述非常到位，也和今天的塔型最贴近。这说明今天的繁塔历经沧桑，依然完整地保持着10世纪前好似"半摧"的古老形态。把"塔半摧"解释成元代时已经先坏掉两级，是因为明代"国初铲王气，塔七级去其四"的传说，把宋代繁塔按"七级"估计，与塔碑中"九层宝塔"的说法相差两级。这本已暴露出"铲王气"故事的马脚，今人却将"塔半摧"解说成元代先坏掉两级，用来弥补明代臆造的"塔七级"之失。

[1] 〔清〕张景星等编：《元诗别裁集》，上海古籍出版社，1979年版，第36页。

三　历史文献并不能说明繁塔有过演变

而明嘉靖间李濂的《汴京遗迹志》和明成化间的《河南总志》，都说是"兴慈塔，俗名繁塔……元末兵燹，寺塔俱废"[2]。直译是在元末的战乱中，寺院和繁塔都毁废了的意思。我们知道，冷兵器时代即使遭兵燹，无一不是寺废而塔存，怎么唯独繁塔会和寺院一起废毁？仅凭大刀长矛、火炮石弹可能毁灭寺院，若说能轻易毁掉粗壮的砖塔，无疑是笼统的虚言。

若轻信上述虚言，岂非是说元代泰定（1328）之前，繁塔早已毁坏成"半截子塔"？到40年之后的元末（1368）又"废"了一次。而"元末"和明代"国初"就是同一时段，紧接着又因铲王气"塔七级去其四"。相当于繁塔在宋、金的二三百年里完完整整，经历元初到明初的90年间，却先摧毁、再兵废、又人铲。这些不但是荒唐无稽，更使人感到这些历史情节的怪诞。所以，这些东西都谈不上是繁塔"演变史"的依据。

实际上，明成化志书的"俱"字废及繁塔，无非是对历来看似"断塔"的宋代三层原型泛泛而谈，只不过文人编志时，拉扯出一个"元末兵燹"的说辞。它反衬了一个事实：明代人说的"寺塔俱废"与元代诗人写的"塔半摧"，都是同义但不同"版本"的形容语，何尝不是元明两代文人，对宋代繁塔的观感前后呼应、一以贯之？

3.2 明初"铲王气"仅止传说而已

今天，学人奉为圭臬的繁塔因"国初铲王气，塔七级去其四"的说法，被认作是"最能说明繁塔型体历史演变进程"[3]的依据，它出自明嘉靖六年（1527）李梦阳撰写的《国相寺重

---

[2]〔明〕李濂撰，周宝珠、程民生点校：《汴京遗迹志》卷10，中华书局，1999年版，第158页。

[3] 王瑞安、魏千志：《开封宋代繁塔》，《中国历史博物馆馆刊》，1986年第8期。

修碑记》：

国相寺，繁台前寺也。台三寺，后曰白云，中曰天清。塔断而中立，有鹳巢其上嘎嘎鸣。按《梦华录》繁台寺一耳，亦不言其地之盛。尝闻之长老曰："寺一耳，而三其教。""后有白云阁，于是号白云寺，中有天清殿，于是号天清寺，前有国相门，于是号国相寺。寺分势孤，时迁世殊。于是，崇者颓而下者芜。僧阘教汙，庸师恶徒。于是，树石盗亡损破，鸟鼠秽之，往来羊猪。寺非若能主矣！又国初铲王气，塔七级去其四。崩啮幽窟，狐狸魑魅，昏啸阴啼，僧席未暖业逃去。而善彬善者国相寺僧，乃奋然兴曰，寺时世废耶僧废之耶？于是，守一清修，年七十余步诣戒坛受戒，寺得不土平者，彬之力也。"按旧碑宋太平兴国间建，今洪武初僧古峰新之。相去四百余年，迨彬又百五十年，而空同山人为记。[4]

这篇碑文中的"国初铲王气，塔七级去其四"这句话，明显认定宋代的繁塔原为七层。因为明初某个皇帝要铲开封的王气，把它拆掉四层，剩下了现在的三层塔体。

这句话究竟出自谁之口呢？论者指认是李梦阳本人讲的。但只要认真体味李梦阳碑文的语境和确切文意，即可明白"国初铲王气，塔七级去其四"的传说，根本不是李梦阳本人讲的，其碑文是被有意或无意误读的。

其一，李梦阳的这篇碑文，先写寺院现状，再叙繁塔寺从明初历经150年后由盛而衰，嘉靖年间僧人善彬发奋重修的事。记述了寺院颓毁景况、修寺原委，并就寺院被一分为三以及近观繁塔好似"塔断而中立"的观感，向寺长老询问。所谓"铲王气"的传说，是"寺长老"对李梦阳的随口解答之一。

[4]〔明〕李梦阳：《重修国相寺碑记》，〔清〕刘树堂等修：（光绪）《祥符县志》卷13《祠祀寺观》，第35页。

李梦阳只不过把寺长老对他讲的这一套"闲言碎语",以书面语言记入碑文而已,并未针对塔型有过任何个人论述。倒是后人罔顾碑文中"又国初铲王气,塔七级去其四"的"又"字,脱开文字前后的语境关系,模糊了文意。把李梦阳"尝闻之长老曰"的"又"一个传说,转换成李梦阳本人说过的、权威的史据。应当讲,这本身在学术研究上是不规范的。

其二,寺长老哪里知道宋代繁塔原为七级?但他却把明初朝廷要刹一刹开封的王气,将原来七级的繁塔拆去四级,剩下三级的传说,讲述得事因生动、层级变化确切具体。这种说法,极可能不是寺长老的"发明专利",也许在明嘉靖之前,民间就有此类传说,就像今天一样把它当作明初的真实故事。

虽然李梦阳碑文有"塔七级去其四"的字眼,但其身后的文人,都讳用这个具体明确的"演算式"。90年后的陈嘉俞执拗地讲"仅留四级",140年后的《如梦录》只说"止遗三级",却不再提及繁塔原为几级,铲掉几级。

对繁塔原"七级"去其四的说法,清代人早已发出质疑。清同治年间的开封儒士常茂徕,见到了二层北塔洞的宋代碑刻上,提及"九层宝塔"的文字。察觉到"国初铲王气,塔七级去其四"的说法似是而非。他质疑道:"今塔只存三级,其上已为明初铲去。洪进记曰九层宝塔,其铲去者殆为六级,李空同《国相寺碑》云塔七级国初'铲王气'去其四,盖未见此记,特臆度之耳。"[5] 常茂徕指出:繁塔应原为"九层"不是七级,明初"铲王气"应该拆掉六级而不是四级呀,不然怎会留下三级?很遗憾,常茂徕没有从寺长老臆度明初繁塔为七级的马脚,对"铲王气"的虚妄做进一步的考证。

---

[5] 〔清〕常茂徕:《繁塔非建自周考》,〔清〕刘树堂等修:(光绪)《祥符县志》卷20《丽藻考》,第7页。

其三，明万历四十五年（1617），周王府的陈嘉俞在其《周藩繁塔寺重修记》中，有意把"国初铲王气"之说链接到李梦阳。

他说："元末兵燹，寺塔俱废，国初重建而削塔之顶，仅留四级，则空同子（李梦阳号）所考为铲王气故耳。"[6]陈嘉俞的碑文先用文献中"元末兵燹，寺塔俱废"一句，紧接着把明初重建寺院却又"削塔"举措相提并论，难道他能不明白"元末"和明代的"国初"时间上相差无几？难道他不知道寺院废了国初要重建，而佛寺里神圣的核心建筑（繁塔）毁了，不仅不能修葺，却被"削塔之顶"是不合情理的？这基本是前脚建寺后脚拆塔，这些词句怎么如此混乱得不符合逻辑？陈嘉俞这些莫名其妙、隐晦不明的行文是什么意思？不能不叫人深思。

笔者相信陈嘉俞完全懂得李梦阳碑文的原义，且陈嘉俞不可能见过李梦阳另有考证"铲王气"的文字。对繁塔形似"断塔"的模样，虽然他也不明就里，但他对国初"铲王气"的传说故事并不认可。而是用"则空同子（李梦阳号）所考为铲王气故耳"以敷衍、撇清、卸责，把这种查无实据的疑案与自己切割开来。因为他是周王府的右长史，不屑于，也不便于纠缠"铲周藩王气"之历史上的是非虚实。

陈嘉俞明知李梦阳碑刻的是"塔七级去其四"，应该留下三级才对呀？但他偏要确切地说"仅留四级"。我们无须因此诧异，也决不可轻视这一级的微妙差别！陈右长史的碑文书史缜密、内涵机巧，绝没有随意操弄一句一字。

---

[6]（光绪）《祥符县志》，卷22《金石》记有明陈嘉俞《繁塔寺重修记》条，实无正文。文管所档案抄录有全部碑文，但未核查出碑文出处。见本章《滕固论艺》中碑文的节录。

三 历史文献并不能说明繁塔有过演变

35

因为，陈嘉俞与李梦阳碑文的语义完全不同，李梦阳是记载别人说的"塔七级去其四"传言。而陈嘉俞只把自己亲眼所见的塔型，规规矩矩地予以纪实。他不管别人说繁塔原有几级，铲几级留几级。他看到下部三级以上还有个小塔，他把小塔也视作一级，岂不就应该是"仅留四级"？

这个不人云亦云的、看似不起眼的"四"字，焉知陈右长史不是有意为之？不是刻意强调指出的呢？这个看似不起眼的"四"字，明白无误地告诉后人：在明万历年间，繁塔的上部还有个"小塔"，整体上理应视为"四级"！

如果繁塔当年只有下三级，上面是光秃秃的、参差不齐的、残断后的横截面，陈嘉俞绝不敢明知故错地瞪着眼睛说谎话，在碑文中写"仅留四级"。陈右长史用"仅留四级"四字告诉后世，明万历间的繁塔不是光秃秃的三层，而是下三层和上面的小塔共"四级"。

妙哉！如果明初确曾"削塔之顶"，在拆除工程时，怎么可能从中剥离出来一个小塔来呢？笔者不由对陈嘉俞的入木之笔深表赞叹。

这"仅留四级"的含义，也确令当今论者棘手无以规避。只能硬性强调"明代繁塔确实只存有三级，并没有四级，则'四'字为'三'字之误的推测，当不会有什么问题。可惜陈碑现在已经看不到了，将来如能重新发现，这一疑问当可迎刃而解了"[7]。同样是明代的修寺碑文，陈嘉俞把"元末兵燹"废塔、李梦阳"考证"出铲王气拆塔，铺叙得简洁周全，凭什么说"仅留四级"的"四"字就错了呢？

古代碑文的撰稿人，不会轻易放过自己碑文中的任何一个

---

[7] 魏千志：《繁塔春秋》，《开封师范学院学报》（社会科学版），1978年第5期，第78页。

错字（今天也会如此），这是最起码的常理。镌碑匠师更不敢把碑文刻错一个字。

虽然今天尚未发现陈碑或其拓片，但并不难找到陈碑中"仅留四级"的证据。因为陈嘉俞的碑刻，到20世纪30年代还存在。不仅德国建筑师柏施曼看到过此碑，日本建筑史学者关野贞也看到过此碑。因为现可查明他们的文章中，探讨的都是为什么陈碑中刻"仅留四级"的问题。

杨廷宝先生的文章中，说到"四（疑为三之误）"，也明显是看到李梦阳碑中的"塔七级去其四"，与陈嘉俞碑的"仅留四级"有别所做的判断。虽然他因李碑而疑惑陈说，但从中可知杨先生确是看到过陈嘉俞碑的。

所有中外建筑大师亲临繁塔考察的调研文字，都证明陈嘉俞碑文刻着"仅留四级"，这是毋庸置疑的。这就从侧面证明陈嘉俞当年看到的繁塔形状，绝不是"光秃秃"的三层！

虽然，建筑师们没有过多抄录陈嘉俞的碑文，但在近代美术理论家滕固先生《滕固论艺》一书中，就抄录了陈嘉俞碑中包含"仅留四级"的这段文字。其《征途访古述记》写道：

回途至城东国相寺，寺后即繁台，内有繁塔一座，亦为著闻之胜迹。有石刻万历四十五年繁塔重修记，可以考见寺塔之兴废，兹节录碑文于后：大梁古迹莫不知繁台，盖师旷作乐于此。……繁台寺三，而天清其鼻祖也，肇建五代，周显德中为天清节，故以名寺，今所称繁台塔者，即当日兴慈塔也，宋太平兴国二年重修，元末兵燹，寺塔俱废。国初重建而削塔之顶，仅留四级……（笔者注：此处抄录时省略"则空同子所考"6字）为铲王气故耳。国相寺者本天清寺之前楼，洪武间僧胜安栖之……周国主穆然思维，而有感于衰焉。遂捐币万缗，鸠工庀材，三寺一殿，同时并葺，金碧视昔加丽，栋宇视昔加隆。

明初将塔截顶，可谓此塔遭戮首之惨，故今下三层为旧物。万历年间修葺，又遭明末流寇之毁损，至清初重修，上五层小塔殆成于清初。[8]

从中可以看出什么？首先，从滕固先生节录的陈嘉俞碑文，我们知道陈碑中确实是"仅留四级"四个字。其次，证实了洪武间复建寺院之役，出于周藩王府"有感于衷焉。遂捐币万缗"的襄举。

现塔身有1400多块不同于宋代的佛砖，很多刻有"周府吴"三字，这必然是周藩修葺塔身所添补。很难想象，周藩既然修复了寺院，也为繁塔添补了佛砖，怎么会置元代就"断"掉两级的繁塔于不顾？总不会刚修了繁塔，紧接着就发生了"铲王气"。若说周藩添补佛砖的功德，发生在"国初铲王气"之前，怎么解释那么多有"周府吴"标记的佛砖却能保全至今？为什么明初"铲王气"，会延宕至"清代在其三层之上加筑七级小塔"？

至于滕固先生说的"明初将塔截顶，可谓此塔遭戮首之惨，故今下三层为旧物。万历年间修葺，又遭明末流寇之毁损，至清初重修，上五层小塔殆成于清初"这段话，是他个人的猜测实在不可以考据视之。为什么明初修寺又拆塔？为什么明嘉靖曾修寺而不修塔？若说明初"截顶"后，万历年又"修葺"了什么？修寺院吗？碑文中刻着"三寺一殿，同时并葺"，这还用说吗？是指修繁塔吗？万历年间修的是明初"截剩"的三层残塔，还是四层残塔？若万历年间修过繁塔，修时有小塔吗？若万历年间修过繁塔，明末流寇"又毁损"了怎样的繁塔？滕固先生毕竟不是考察繁塔的，姑妄听之。

---

[8] 滕固著、彭莱选编:《滕固论艺》，上海书画出版社，2012年6月第1版，152页。

可见，没有任何实证和逻辑能说明，在周藩眼皮底下，有明一代的繁塔是残断着塔身，塔室漏着天的状态。熬到清代才修整残断截面建上小塔。

其四，明末的《如梦录》仅含糊地写道："明初摧毁，止遗三层。""摧毁"的原因是什么呢？书中被清人常茂徕删去的原文是"繁塔为龙撮去半截"，并不曾说是缘于"铲王气"。至于止遗三层，纯属按"塔七级去其四"的算术运算，丝毫没有佐证"铲王气"传说的意义。

元中期的诗人形容繁塔好像毁半截，如果真是断了两层，岂非繁塔在元中期就遭摧毁。明成化人又讲"元末兵燹"而致寺废塔毁，如也属实，元末刚刚毁废了的繁塔，岂非立即又遭到明初的"铲王气"，再次拆掉四层的残害待遇？如果各种摧毁繁塔的情节可信，岂非短短的元初至明初百十年，三次毁坏繁塔连续叠加在一起？若信其一，究竟哪一个说法是真的呢？

纵观所有文献资料，不难看出：要么是无凭无据、各说各话、互相矛盾；要么生吞活剥、自说自话、自相矛盾。都谈不上有什么证据链关系。

何况，若确曾发生过"铲王气"，谁搞清了是明初哪个皇帝干的？寺长老有何神通知道明初的繁塔已经变成了七级。非常简单的"塔七级去其四"算式，理应只留三级，为什么陈嘉俞的碑文硬要写"仅留四级"？把这一套文献略加比对，就毫无可信之理。

反思700年来所留的诗文、碑刻，有一点却惊人的相同：即不同时期的古代文人，对繁塔形状观感的表述都非常一致。用"半摧"也好，说"俱废"也好，编"铲王气"故事也好，只是文字有别，用语不同，都表达了繁塔在各朝各代一直是好像残断一截的样子。这和老一代文物工作者说繁塔"看上去好像是一座未修竣的"[9]的表述，没有任何实质差异。

这恰恰证明，千百年来繁塔始终是今天这个样子，没有发生任何形体的演变。脱离繁塔结构，仅作文字推演、依据传说来认知，根本摸不出头绪。

---

[9] 开封市革命委员会文化局汴文（78）67号《呈请将我市繁塔列为第二批全国重点文物保护单位的报告》。

四

宋人的诗更能证明现繁塔是宋代原型

4.1 描写登塔之险并不意味着塔高

由于繁塔看似"断塔"的样子，除明代有"国初铲王气，塔七级去其四"的故事，开封民间也长期流传有"铁塔高，铁塔高，铁塔只达繁塔腰"的民谣，似乎繁塔本来很高是真的。

其实，繁塔比铁塔（开宝寺塔）高，未曾见诸任何文字记载。相反，亲眼看见过繁塔和铁塔，并对它们作出对比的欧阳修，在其《归田录》中却明确记载着："开宝寺塔，在京师诸塔中最高。"[1]

因此，繁塔从来并不高于铁塔的事实，使论者不得不感叹："宋代以下状繁台之景的诗作不少，繁台之上巍巍高塔却没有引起诗人多大兴趣，真是咄咄怪事！"[2] 为了证明繁塔在宋代曾经很高，确是"高耸入云，蔚为壮观[3]"，以坐实"铁塔只达繁塔腰"的民谣不虚。论者用宋代苏舜钦《和（江）邻几登繁台塔》的诗来佐证繁塔曾经很高。

苏舜钦的诗写道：

孝王有遗墟，寥落千余年。今为太常宅，复此繁华都。

踊覽冠旧丘，西人号浮屠。下镇地脉绝，上与烟云俱。

我来历初级，穰穰瞰市衢。车马尽蝼蚁，大河乃污渠。

跻攀及其颠，四顾万象无。迥然尘坌隔，顿觉襟抱舒。

俄思一失足，立见糜体躯。投步求自安，不暇为他睡。

平时好交亲，岂复能邀乎？举动强自持，恐为众揶揄。

---

[1]〔宋〕欧阳修：《归田录》卷1，中华书局，2006年版，第1页。

[2]〔3〕田肖红、黄勇著：《巍峨奇观：开封繁塔》，河南大学出版社，2003年版，第34—39页。

四　宋人的诗更能证明现繁塔是宋代原型

一身虽暂高，争如且平居。君子不幸险，吾将监诸书。[4]

另一位诗人梅尧臣，以诗句婉拒了苏舜钦等人的登塔之邀，解释了自己为何惧而不登繁塔的心理：

二三君少壮，走上浮屠颠。

何为苦思我，平步犹不前。

苟得从尔登，两股应已挛。

复想下时险，喘汗头目旋。

不如且安坐，休用窥云烟。[5]

苏、梅二人的诗作于庆历四年（1044），论者说这两首诗证明：一是"繁塔是建成完工了的，有'跻攀及其颠'和'走上浮屠颠'可为佐证"[6]；二是"繁塔确实高耸入云，蔚为壮观，有'上与烟云俱''四顾万象无''休用窥云烟'可证"[7]；三是"这两点结合起来，完全可破'塔的形式原来就是这样'的说法。还认为"至少可以旁证'铁塔只达繁塔腰'的俗谣不是凭空捏造，颠倒真相的"[8]。

这种判读认为：因繁塔原来是七八十米高的九层砖塔，宋诗才会刻画出登塔之险，登顶后才能看见东京城车马如蝼蚁、汴河似水沟的景致。

错！脱离繁塔的现塔型，解读这两首诗就完全不得要领。

苏诗说"跻攀及其颠"，梅诗说"二三君少壮，走上浮屠颠"。像史诗一样，记述了苏舜钦们凭着"少壮"，往塔顶攀登过程中"俄思一失足，立见糜体躯"的凶险，以及登达塔顶后，观赏到北边东京城，产生"四顾万象无""顿觉襟抱舒"

---

[4]〔宋〕苏舜钦著，傅平骧、胡问陶校注：《苏舜钦集编年校注》卷2《和邻几登繁台塔》，巴蜀书社，1991年版，第148页。

[5]〔宋〕梅尧臣：《梅尧臣诗》，商务印书馆，1940年版，第24页。

[6][7][8] 田肖红、黄勇著：《巍峨奇观：开封繁塔》，河南大学出版社，2003年版，第39页。

的感慨。苏诗中虽有登塔之险的描绘，并没有繁塔高耸入云的描绘。对于未敢应邀登塔的梅尧臣来讲，他之所以不去登塔，是因为他知道攀登繁塔时会有危险。他一想到登塔的危险，就知难而退地说"苟得从尔登，两股应已挛。复想下时险，喘汗头已旋"。发出"不如且安坐"、君子不履险的感叹。这是为什么呢？并不是因为繁塔很高，而是他明白繁塔与众不同，苏舜钦们要登上的"浮屠颠"不是别的，正是繁塔三层上面那个非同一般的平台，而登达三层平台是要经历一段危险的"外沿"过程的。

知道苏舜钦在"跻攀及其颠"的过程中，为什么会产生"俄思一失足，立见糜体躯。投步求自安，不暇为他睽"的恐惧，为什么会有硬撑好汉"举动强自持，恐为众揶揄"的窘迫心理，并不是因为繁塔"原九层"，曾经有七八十米高。

知道苏舜钦历险"跻攀"后，站在什么位置居高临下地观景，才有"迥然尘坌隔，顿觉襟抱舒"的舒畅情绪，才顿生"车马尽蝼蚁，大河乃污渠"的别样感觉，绝不是站在七八十米高的"塔尖"上。

只有结合繁塔的现塔型特征，研读这两首宋诗才会弄明白。

其一，首先要搞清诗人一行"及其颠"的颠（塔顶）指塔身的什么位置？是最高层（第"九层"）吗？绝不是。因为在塔内能够攀登到的层级，不管登至任何一层都无危险可谈。那么，他们是爬到塔顶的"塔尖"上吗？更不是。因为任何人从塔内也不可能爬上塔尖。所以，繁塔之"颠"必须是可以登达，而且能使这二三个小伙子可放眼四望的地方。

苏舜钦们要登达的位置，实际就是现繁塔三层顶上的260多平方米的环状平台。只有站到这个地方，才会让这几个"好事之徒"畅快地放眼四望。但要想登上三层顶上的平台，必须从三层塔心室走出塔外，沿三层的外檐绕到西北侧的登顶爬梯，再从这个爬梯登上塔顶环状平台。

其二，诗人以切身经历告诉我们，他们就是从三层塔心室走出塔外，沿平座走到西北侧的爬梯再登上塔顶平台的，而经历这个攀缘过程太危险了。

当年，苏舜钦们正是从三层塔心室出来，在宽 0.6 米的平座上沿行，绕到西北登顶爬梯登上平台的（图13）。这个过程很危险，所以才"俄思一失足，立见糜体躯。投步求自安，不暇为他眴"。并且他是和两三个朋友一同登塔的，要前走后跟而行，所以才"举动强自持，恐为众揶揄"地硬撑好汉。

极其明显，苏诗把登顶之险和观景之趣，描述得活灵活现。我们从苏诗中读出的是什么呢？是登临者登塔过程中状态和心态，是登塔人对"及其颠"历险过程的渲染，是登上三层平台后北望东京城的舒畅心境。

这种诗情意境，并不因繁塔是高耸入云的"九层"，恰恰是繁塔这样的特定塔型，造成的登达三层平台的过程惊险。攀登繁塔平台的惊险过程，才是苏诗刻画出这种状态和心态的必然前提。

其三，既然从外檐攀爬顶平台很危险，为什么还非要攀爬不可呢？这是因为繁塔偏于宋东京城的东南角落，要想看到北面的东京城与汴河，必须站在繁塔上向北观看。但繁塔的塔心室洞口都是向南，蹬道的开口也在西南和东南向。所以，在塔体内任何一层的任何位置，都是看不到北面的东京主城垣的。只有登达繁塔三层的平台，居高临下才能眼观四方，向北看到东京城另一番景致，方才胸襟舒畅而诗兴大发。

其四，也许有人会说，是不是宋代繁塔没有平台，而是一层摞一层，再登几层不就可以在塔身里朝北面看了吗？也不可

图 13 外檐攀爬路线图

能！

因为按照所谓"原九层"的塔身构造逻辑，不管繁塔多高，也不管在哪一层，繁塔的奇数层内蹬道里都不会设窗。偶数层的蹬道出口也都在西南和东南，每层的塔心室甬道口也全部向南。也就是说塔身内没有任何一个位置能看到北边的城市景观。

即使走出外檐，在每层南部三面墙的外檐上，也看不到北边。在北部三个面的外檐上，小心翼翼地攀缘已非常危险，根本不敢左顾右盼、扭头向北张望。所以，只有从三层塔心室南侧走出，沿着三层的外檐，在塔壁外冒险绕行二三十米，再从西北侧的登顶爬梯，爬上三层塔顶的平台才得以尽览北边的城市。

试想，不去攀爬塔顶平台，哪会有"投步求自安，不暇为他瞑"的恐惧？没有在塔顶平台俯瞰望远的条件，怎么观赏北面的东京内城和汴河，何来"车马尽蝼蚁，大河乃污渠"的观感？

宋人的诗意如此清晰而不晦涩，俨然是一篇纪实的游记。还有什么能比北宋登塔者的亲身体验、比这样翔实的诗景诗意，更能直接地、真实地反映宋代时的塔型？所以，宋诗是现繁塔为北宋原型的直接史据，与臆想的所谓"九层宝塔"绝无干系。

正是由于繁塔的下三级特别粗大，三级以上陡然收缩为六级小塔，在三层塔顶才构成了这个独一无二的、260多平方米的平台式塔顶（图14）。这种可以上人的巨大环状平台，特别是必须要从"塔身外"攀爬上去的构造，在我国所有古代砖塔中是唯一的（如安阳文峰塔、兖州兴隆塔的顶平台很小，而且都是从"内蹬道"直接钻上去）。假如宋代繁塔三层以上，仍是和下部雷同的塔身，当年就不可能有这个塔顶平台。假如宋

图 14　三层塔顶平台与登平台出口

代没有这个塔顶平台，也就毫无必要在三层的西北侧，建造专门用于跻攀到此平台的爬梯。

所以宋代的繁塔，只有和现在的塔型毫无二致，才符合宋人的攀登经历，才具备观看北面东京城景致的位置，才符合产生这两首宋诗的条件，与繁塔的高或低根本没有关系。

其五，为什么梅尧臣婉拒苏舜钦的登塔邀请呢？梅尧臣知道，从高处遥望东京很壮观。但也应晓得从高处看东京，就必须登上塔顶平台，他更清楚要登上繁塔的塔顶平台，相当危险。所以，他才会有"苟得从尔登，两股应已挛。复想下时险，喘汗头已旋"的婉拒之词，才会发出"不如且安坐，休用窥云烟"的无奈之叹。如果苏舜钦邀请他登的是只在塔内攀登的铁塔（开宝寺塔），就不会有因"及其颠"而必须外攀的胆怯问题。梅尧臣就没有理由拒绝同游，二人也不会有如此语景的唱和诗。毋庸置疑，北宋时的繁塔只能是今天这样的塔型。

不难理解，只有登平台时经历了外檐行进的惊险过程，才会让苏舜钦心惊胆战；只有繁塔当年就是现有三层平台之塔型，才能使苏舜钦们有"及其颠"观看到东京城市面貌的条件和可能。如若宋代的繁塔不是现存之塔型，苏舜钦就写不出这样的诗篇。可见，宋诗不仅没打破孟新元先生的见解，适得其反，却给孟新元先生"塔的形式原来就是这样"[9]的见解，提供了更直接、可信的证据。

4.2 繁塔内蹬道的特定构造佐证了什么

清代的开封人常茂徕形容登繁塔的过程，说"塔系内外周折而上，外级甚危险"[10]，文字言简意赅。但不结合繁塔内部的具体构造，还是搞不清楚什么情况下登塔，才会"内外周折而上"，什么情况下登塔，才会出现"外级甚危险"状态。

众所周知，中国古塔类建筑有壁内蹬道者，从下层攀登而上时，一种是在塔壁蹬道里周折而上，登到不同层级后，通过窗型或门型的空洞，瞭望外面的世界，不会有在塔外攀爬问题，如开封铁塔。

另外一种是在每一层的平座，设有外廻廊和阑干。从塔内梯道周折而上到各层后，再走到外廻廊上去四处观看，也不属于"内外周折"交替攀爬形式。如六和塔、新雷峰塔。而且，可攀登的古塔，都是从一层到二层，再从二层到三层逐层而上。而仅仅三层的繁塔出格的罕见，其塔内蹬道的构造及登塔方式截然与众不同。

第一，它北入口的塔内蹬道是左右对称设置的，且与二层的塔心室以及二层北边三个佛洞都不直接连通，而是直接抵达第三层的塔心室。如想到二层的塔心室和三个佛洞，就要在超过二层高度的内梯道里，沿通往塔身外的台阶下降八级，分别从西南或东南的两个门洞，走出塔壁之外（图15），再沿塔壁

---

[9] 孟新元：《繁塔与禹王台》（未刊稿）。

[10]〔清〕常茂徕：《繁塔非建自周考》，〔清〕刘树堂等修：（光绪）《祥符县志》卷20《丽藻考》，第5页。

图 15　蹬道左登三层右出塔外

外檐攀行，才能向南进到二层塔心室，或向北进到北侧三面的佛洞。

这是繁塔一层到第二层各洞室"内外周折而上"的交替攀登的方式。由于在二层高度，沿外檐走到二层塔心室，或北面三个佛洞很危险，所以，极少有人以这种路径，进入二层的塔心室和三个佛洞。就是说，从一层到二层的塔心室及三个佛洞，不是不能"内外周折而上"，而是极少有这样的登攀。一层的塔心室和二层塔心室的原始构造是什么状况呢？一、二层塔心室是透过"暗层"上下贯穿的，和蓟县独乐寺观音阁类似。二层塔心室只能从西南或东南的两门洞外出，沿平座左右包抄到其南甬道进入，二层塔心室和左右蹬道都没有直接联系。

第二，自古以来繁塔的登塔活动，仅限于从一层北入口的左右内蹬道，直达三层塔心室。这样登塔，只在塔内蹬道周折而上，完全无须塔内塔外交替攀缘，这才是繁塔正常的登塔观光过程。

只有像苏舜钦们那种寻求刺激的猎奇者，不但要登到三层塔心室，还要登上塔顶平台，才会从三层塔心室走出塔壁，沿三层的外檐，冒险绕行20多米，再从三层西北侧的登顶爬梯登上平台，这是最危险的"内外周折而上"过程。若不追求"四顾万象无""顿觉襟抱舒"的刺激，就不需"及其颠"攀爬到塔顶平台，就不会再"内外周折而上"。

可见，从三层爬到塔顶平台，或者想到二层塔心室和北面的三个佛洞，这两种"内外周折而上"交替攀爬的过程，是因攀登者的欲望和目的不同所造成，才会发生"外级甚危险"。不难理解，只有现繁塔这种内攀外沿，交替攀爬的登塔过程，才和宋代诗人登顶的险状描述、塔顶观景的情趣，完全贴切一致。所以，这种塔身最上层有平台，可以从塔内蹬道走到外檐，"内外周折而上"到塔顶平台的构造，肇造于宋代，绝非后来被铲拆或遭雷击所形成或改造而成。

今天，文物部门在繁塔平座的外壁，添加了钢筋拉环，现在除非特定的工作需要，除了少数年轻人，借助钢筋拉环，攀缘到二层各塔洞，或者从三层西北爬梯登上塔顶平台。若无钢筋拉环，敢于从三层塔心室，走出外檐登上塔顶平台的人，需要有相当大的冒险勇气！

为安全起见，对一般游客的这种登顶观览的要求，今天已经完全禁止。

按正常登塔途径，仅仅从塔内蹬道爬到三层塔心室，就没有一点风险。比如，写有"为眼不计脚，攀梯受微辛"诗句的北宋诗人陈与义，他只是沿塔内蹬道登到三层塔心室，就没有沿外檐登塔顶平台的危险。再如，金元光二年（1223）的重阳日，64岁的金代诗人赵秉文也是如此偕友同登繁塔，并在三层塔心室券顶上，留下清晰可见的"淦阳赵秉文□□元光二年□□重阳日同登"之墨迹（图16）。由此可见，金代重阳节的

图 16 金代赵
秉文 1223 年
重阳登塔墨迹

老人登高活动，仅是从塔内直接爬到三层塔心室而已。完全无须内外周折交替攀爬，更不存在"外级甚危险"问题。

4.3 繁塔没有安装外廊阑干的条件和可能

有论者依据北宋诗人陈与义的几句诗，认为宋代繁塔设有外廊阑干，对此我们不妨结合塔体予以探究。陈与义诗云：

为眼不计脚，攀梯受微辛。半天拍阑干，惊倒地上人。

风从万里来，老夫方岸巾。荒荒春浮木，浩浩空纳尘。[11]

其中"为眼不计脚，攀梯受微辛。半天拍栏杆，惊到地

[11]〔宋〕陈与义：《陈与义集》卷 11《天清寺塔》，中华书局，1982 年版，第167—168 页。

上人"这几句，被论者证明宋代繁塔很高，且塔身有栏杆的依据。

这还是没有结合塔体构造特征的解读，没有搞清"半空中"拍的阑干，具体是指哪个位置？首先，必须知道，楼阁式宋塔的"阑干"只能安装在哪里？答案是只能安装在每一层的外挑平座上。像苏州的瑞光塔、虎丘塔，杭州的雷峰塔、六和塔等。它们都是"砖木"结构塔，每层平座都有外挑游廊和游廊栏杆。但是，繁塔、开封铁塔之类的纯砖楼阁式塔，与有平座游廊的楼阁式砖木塔不同。平座由砖斗拱上铺砖砌筑，狭窄的铺砖平座上根本不可能"栽"上阑干，中原地区的纯砖楼阁式砖塔概莫如此。像济源延庆寺塔、滑县明福塔、尉氏太平兴国寺塔、睢县寿圣寺塔等。也就是说，纯砖砌筑的平座材料性质，决定了在它上面"栽阑干"是不可能的。

况且，它的宽度只有60至70厘米，如安装有栏杆，净宽充其量近40厘米，通行时一旦拉扯住衣服会更加危险。

另外，解读此诗还不能忽略陈与义诗中的"老夫方岸巾"一句，说明他是个爬爬内蹬道，就感到"受微辛"的老夫（老者）。陈老夫子更不会登上塔顶平台，而看看70厘米的平座外檐，就知道这里根本无法装阑干，陈老夫子哪能站到这儿拍阑干（图17）。

作者曾多次到繁塔现场进行实地勘查，从建筑构造上看，繁塔外檐只是由两层斗拱悬挑着两皮砖，这两皮砖和斗拱形成的一个个"空洞"，绕塔一圈构成二层和三层塔身的平座（图18）。任何人看一下外檐结构就会知道，两皮砖上怎么栽阑干？它根本不符合阑干必须牢固"生根"，以抵抗水平推力的力学条件。所以，凭一句古诗就说外檐上栽过阑干，是完全脱离建筑结构可能性的望文生义。

净宽 70 厘米

图 17　平座约 70 厘米宽

图 18　两皮砖空斗岂能栽阑干

　　诗中的"攀梯受微辛"说明陈老先生是从内蹬道直接爬到了三层塔心室。他拍阑干的位置在哪儿呢？就在现三层塔心室的南券洞洞口。这里以阑干（实为门格栅）分隔塔内、塔外，陈与义只能是站在这里拍拍门格栅，和地上人打招呼互动一下。

　　如果繁塔外檐上当年安装着阑干，就非常安全，即便是繁塔确实高耸入云，少壮的苏舜钦就不会大谈"投步求自安，不暇为他瞑……举动强自持，恐为众揶揄"。

　　如果外檐上宋代安装过阑干，根据阑干的蛛丝马迹，重新修复满足今天蹬塔游览何难之有？事实上绝对办不到。所以，陈与义诗中的"半天拍阑干，惊倒地上人"，绝不证明繁塔的外檐曾经按着阑干，更无法旁证"繁塔确实高耸入云，蔚为壮观"。也就是说，按繁塔外檐的构造和宽度，它明显不是供人观景的平座游廊。它只是体现塔身构造的平座，并起到了组织排泄雨水边槽的作用。

4.4 应准确理解历代诗词、题记、方志等文献

至此笔者要说，仅凭望文生义地解读关于繁塔的诗词、题记、方志等文献，是搞不懂古建筑的建造史实的。

第一，宋、金文人描写的都是登塔的切身经历，苏舜钦们年轻气盛，不登顶（及颠）不尽兴。先内攀三层至塔心室，再外沿平座登爬梯上平台，可谓"苏舜钦路线"。而陈与义、赵秉文年纪大，仅能内攀到三层塔心室，或敲敲塔心室栅栏，或在券顶笔墨题名。可谓"陈与义路线"，这是常规的登塔观览路线，也是今天的实际开放路线。

不论哪一首宋人的诗，都表现了宋时繁塔的真实情况。不论哪一首宋人的诗，都可以从现塔型得以验证。用北宋人的经历作"实况转播"，再比对现塔型的特征，可以说都丝丝相扣。如果作不切实际的高"九层"的揣度，既登不上"及颠"的顶，更找不着观景的北。

故元代曹伯启"塔半摧"诗句，恰恰就是今天看似"半截"的塔型。

而明代人说"兵燹"废，或者讲"铲王气"拆，同是"塔七级去其四"的前提，扯出来的却是"止遗三级"和"仅留四级"的矛盾结论。说过来倒过去，都说明了宋代明代时的繁塔都和今天一样，直观感觉看似"断塔"而已。

第二，明、清两代盛行编撰方志，大凡建寺修塔这类"功德善事"，方志载录甚详。明代就有修开封宋代铁塔和建造祐国寺的文献记载。

明人方志，往往把前代建筑物毁坏的原因，归咎于元代兵乱，如河南邓州福胜寺塔，志书言"北宋天圣十年建，原为

十三级，元末兵毁严重，明天顺年间重修为七层"[12]。甚似繁塔遭"元末兵燹""寺塔俱废"之类的虚言托词。

清代史志，如《繁塔寺开山记》把重建繁塔寺的事详细入志。甚至连"捐油"燃灯的区区小事，也刻碑镶嵌于塔身。若"小塔"是清代所建，那该是多大的工程，多大的功德，没有留下任何记载，岂不怪哉！

总之，试图用诗文中的浪漫诗句、史志中的外观表述，解读古建筑的构造型式，鲜有能说对史实的。

---

[12] 杜启明主编：《中原文化大典（文物典·建筑）》，中州古籍出版社，2008年版，第136页。

五

"铲王气"之说纯属历史伪命题

"铲王气"之说，本出自嘉靖年间的和尚之口和明末无名氏《如梦录》中"削周藩王气"的离奇文字，其实是毫不足取的。

5.1《如梦录》描绘的魇胜术毫无价值

明末无名氏的《如梦录》里有段描绘明初皇室权争，开封周藩朱橚被削藩的演义故事，论者把它作为明初发生过"铲王气"的依据。

《周藩纪》曰：

存信殿前，旧有银安殿。因周藩王气太盛，敕贬诸蒙化，即复取回，将银安殿拆毁，并将唱更楼及尊义门楼拆去。东华门禁不许开，四角石俱用钉定，并令于门前推土作台，此台乃取郑州之土，经火炼熟，寸草不生。形家者言：毁银安殿所以去龙心，拆唱更楼所以去龙眼，钉四角石所以制龙爪，推土作台所以魇水，东华门不许开，谓之文官闭口，拆尊义门楼，谓之武将去头。[1]

所谓"铲王气"，无疑是基于政治目的之措施，既要有动因又要有主导者。明初的建文帝把周王朱橚擒拿削藩是史实，若说"因周藩王气太盛"而"铲王气"拆繁塔四层，其主角就应当是建文帝。但"塔七级去其四"的杰作，至今也没人敢断定是建文帝所为。

明初的建文帝为削藩，确曾把周藩朱橚"敕贬诸蒙化，即复取回"。但把神乎其神的拆宫殿"挖龙心"，封府门"剜龙眼"等荒诞故事推而广之，与"铲周藩的王气"而拆繁塔拉扯一起，岂有可信之理？《如梦录》绘声绘色描绘的不过是明初风水先生的"魇胜术"把戏，200多年后的无名氏不会亲眼看见。所以，无名氏自己所说繁塔"止遗三层"的原因，是"为

---

[1]〔明〕佚名：《如梦录》，中州古籍出版社，1984年版，第7页。

龙撮去半截"，并没有说削周藩和铲王气、拆繁塔有因果关系。倒是今人生拉硬扯地把这套"魇胜术"当作"铲王气"、拆繁塔的凭据，但这是不能成为佐证的。

5.2 不存在因"铲王气"拆塔的可能

一是从施工角度断定，明初"塔七级去其四"之说不具可能性。

繁塔并不是一推就倒的砖墙，在粗大的繁塔上，人工拆除塔砖时绝不会比垒砌塔砖时省力。事实上，明初的建文帝在位仅仅四年，迅疾被燕王的"靖难之役"推翻。在位仅仅四年的建文帝，想把粗大的繁塔拆掉四级，在没有爆破技术的古代，仅凭人工四年时间拆掉很成问题。所以，孟新元先生当年调查三遍，也没找到拆除的痕迹，时至今日，又有什么人在繁塔上，能找到有些许拆除的痕迹呢？

二是从史实来看，不存在明初"铲王气"的历史背景。

有个故事讲朱元璋"硬是不顾民意把繁塔拆掉六层"[2]，似乎说是朱元璋"铲王气"，使得繁塔"七级去其四"。试想，明初百废待兴，明太祖在位31年，前10年开封是明朝的陪都"北京"，既重修了宋开宝寺，更名祐国寺，又维修了铁塔，也在旧址上重建天清寺，更名为国相寺。可见，明太祖总是一直在强化开封的"王气"，说他会铲开封的"王气"，显然毫无道理。

至于讲"周王要使自己的封地、元末已沦为'荒城'的开封恢复元气，加固城池，与中央抗衡。当时，繁塔残壁秃顶，与金碧辉煌的周王府极不相称，有碍观瞻，朱橚整饬市容，大修繁塔，正是招致铲毁繁塔的一种诱因，朝廷对周王府一切举措，都极为敏感，阻止修塔，下令铲塔"。[3] 这样推测有悖

---

[2] 李程远：《东京传奇》，中州古籍出版社，1991年版，第43—48页。

[3] 王瑞安：《千年繁塔重修记》，《开封文博》，1999年第1—2期。

史实。加固城池，是明太祖"高筑墙，广积粮"的战略体现，他"定天下也，跸于汴，驻焉"[4]，故洪武元年（1368），修开封城垣时"缮之视他城坚，甃皆砖也"[5]，可见并不存在周藩"与中央抗衡"的前因后果。周藩王朱橚是洪武十四年（1381）才就藩开封的，也确曾因擅离职守险遭明太祖流放，实情是皇帝管教不争气的儿子。难以想象出身和尚的明太祖，会因为朱橚"整饬市容，大修繁塔"冒犯自己，做出拆佛塔"铲王气"的蠢事。

也有人用永乐十八年（1420），老迈的周藩王（1361—1425）被人诬告，遭到过明成祖申斥的事，编织出朱棣"铲"其弟周藩朱橚"王气"的说法。这一说法则更荒唐，因为永乐帝敢于从侄皇帝手里夺权，还惧怕老迈的周藩作乱？简直太小看明成祖的执政能力了。即使老迈的周藩图谋作乱，拆掉几层繁塔有何震慑力？诠释历史如此违背情理和逻辑，很难令人信服。

三是塔身传达的信息，更是明初"铲王气"之说不存在的有力证据。

在一层东南侧和西北侧的外塔壁等处，可见宋代和明周府的两种佛砖混合镶嵌。全塔6920多块佛像砖中约有1400余块是明周王府补修的（图19），由此证明周王府直接主持过繁塔维修，这一现象足以证明没有哪个明代皇帝通过拆几层繁塔来"铲王气"。

对此物证，有的讲明代佛砖是"铲王气之前"所修葺。但正史中，朱橚于洪武十一年（1378）册封周藩，洪武十四年（1381）才到开封就藩，洪武二十二年（1389）冬因擅离职守

[4]〔明〕李濂撰，周宝珠、程民生点校：《汴京遗迹志》卷16《河南省城修五门碑》，中华书局，1999年版，第303页。

[5]〔明〕李濂撰，周宝珠、程民生点校：《汴京遗迹志》卷16《河南省城修五门碑》，中华书局，1999年版，第304页。

图 19　红线以下是明代周王府修补过的佛砖

险些被明太祖发配云南。而且明初僧人古峰大举修寺，洪武十七年（1384）又将天清寺改称"国相寺"，史料中记述得明确而详细。应该说朱橚在洪武十四年（1381）至洪武二十二年（1389）间，何曾有什么"周藩王气"？而大力修建国相寺，并给繁塔修补了1400多块佛砖，都应当是洪武帝亲自执掌乾坤期间所为，怎么会突然又因"铲周藩王气"大肆毁塔？恶狠狠地一拆四层，甚至想一拆到底。这样前言不搭后语的情节怎么设想也不可思议，不合情理！

四是无论开封老百姓如何传信"铁塔高，铁塔高，铁塔只达繁塔腰"的俗谣，但民间传说并没有将"铲王气"作为毁塔的缘由。最初的民间故事，说是人称"秃尾巴老李"的山东农民，在河南扛长工过春节想回家，变成一条秃尾巴苍龙，"路过开封南关繁塔上空，他正走的高兴，不留心把秃尾巴绕到繁塔尖上，他一性急用力一甩，一下子把繁塔上半截卷到东海里去了"[6]。

这个故事流传最广，笔者童年听到的就是如此。也不知始于何时，极可能是从明末《如梦录》中，塔尖被"龙撮去"的说法衍化而来。

5.3 明初大举修寺焉能随之拆塔

虽然碑文上刻有明初"铲王气，塔七级去其四"的文字，虽然《如梦录》里曾有一截塔身被"龙撮去"的说辞，虽然民间流传着"秃尾巴老苍"折断塔尖的传说。同样的"塔七级去其四"前提，明代人既有说"止遗三级"，也有说"仅留四级"的。对同样的三层主塔塔身，明代人说是"七级去其四"所剩，清代人说应该是"九层拆六层"所余。纷纷攘攘500年莫衷一是，但谁都不提及"三层以上的小塔"从何而来。

---

[6]　李程远主编：《开封民间故事集成》，中州古籍出版社，1993年版，第180—183页。

现代学人为了给"小塔"来历的学术漏洞打上一个补丁，说繁塔是"明朝皇帝下命令铲去的"，"终明之世，上面都没有再（敢）筑建塔顶。到了清朝，改朝换代了，禁忌已不复存在，所以在上面盘了个平顶，筑了个六级的尖峰，以补足繁塔原来九级之数。这样，繁塔今天的面貌，就最后形成了"[7]。有的还解释说"铲王气"拆毁繁塔，是"祖宗之制不可违，只有改朝换代的巨变才能打破前朝的禁忌。否则，先王旨意，哪个不孝子孙敢违背呢"[8]。

乍一听这种说法理直气壮蛮有道理，但作为和尚皇帝的朱元璋，在位时期就修复了繁塔寺，也维修了开封的另一座宋代的铁塔。怎么反而偏要拆毁繁塔？这岂非是昏头之举。

更不要忘记，明初的建文帝确实想通过削藩逐步剪除异己。其叔父朱棣正是因此而起兵讨伐他，短短四年他就兵败身死。如果是建文帝铲拆过繁塔，燕王朱棣讨伐他时，除了清君侧的理由，岂不又多一条"毁塔灭佛"作孽有罪的讨伐口实？况且，若是建文帝搞过"铲王气"，试问有明一代的后世皇帝，哪一个是建文帝的"孝子贤孙"？建文帝拆繁塔的行径，怎能成为明成祖朱棣及其子孙们尊奉的"祖宗之制和先王旨意"？这些说辞完全不顾基本事实和逻辑，只能说明朱元璋、建文帝祖孙二人，谁都不可能搞过什么"铲王气"。

可以断定明初不仅没有拆繁塔，大举修寺，补镶佛砖倒是史实。

5.4 让我们去伪存真地"回放"一下历史事实

李梦阳的《国相寺重修碑记》里，虽有"国初铲王气，塔

---

[7]　魏千志：《繁塔春秋》，《开封师范学院学报》（社会科学版），1978 年第 5 期，第 79 页。

[8]　田肖红、黄勇著：《巍峨奇观：开封繁塔》，河南大学出版社，2003 年版，第 63 页。

七级去其四"11个字，更有他写碑文的主旨：国相寺"按旧碑太平兴国间建，今洪武初，僧古峰新之，相去四百余年迨彬又百五十年，而空同山人为记"[9]，这碑文正是明初重建国相寺的历史依据。

明初，北中国又恢复了汉民族政权，作为明初"北京"的开封百废俱兴。修城墙，建钟鼓楼，建周王府，建佑国寺，维修铁塔，接二连三地百废俱兴。此时，"周国主穆然思维，而有感于衷焉。遂捐（若干银）"，让僧人们新修了国相寺。修葺了繁塔，现繁塔上1400多块明代佛砖就是明证。

总不可能一边"铲"王气，一边又修葺佛砖吧？洪武初，一般是指明太祖在位的前十余年，洪武十一年（1378）有了周藩之封。虽然周王朱橚直到洪武十四年（1381）才到开封就藩，但洪武初僧人建新寺时，岂能对繁塔的破损状况熟视无睹？故周王府资助僧人建寺和维修繁塔佛砖，相继交叉进行是可想而知的。

2014年夏，王富洲工程师考察繁塔时，在二层西南侧塔壁的佛砖上，发现一块刻有"洪武九年八月七日白达到此"字样的宋代佛砖。

这块带有纪年标示的佛砖，对明初修葺繁塔的事实有揭示作用。刻字砖在二层外墙的佛砖上（图20），所在位置引人深思。因为在此处刻字极其危险，如果不搭"脚手架"基本不可能在此刻字。这位白姓先生只有利用有"脚手架"的时机，才便于在塔壁上刻写自己的名姓。

从刻画笔力推测，刻画者白达不是一般工匠，也可能不是登塔的游人。因为不预备刻刀刻不了字，被僧人发现也会制止

---

[9]〔明〕李梦阳：《重修国相寺碑记》,〔清〕刘树堂等修：（光绪）《祥符县志》卷13《祠祀寺观》，第34页。

图20 洪武九年白达到此

其在佛砖上刻画的不当行为。白达极可能是个和施工匠人熟悉且有条件借助脚手架攀爬上去刻字的文人。

此砖说明"洪武九年八月"之夏，寺院也许在进行修复工程，工地场面宏大。因繁塔三层外墙接近平台，渗水毁损严重，一层下部因接近地面，潮碱酥解严重。要补砌脱落的佛砖位置，主要分布在三层上部靠平台处和一层下部。而在二层外墙面补砌佛砖，不搭建脚手架是难以施工的，文人白达正是借助脚手架之便，才得以留其名字。

因此，这块刻字砖与史载"洪武初"寺院重建工程、洪武十一年（1378）周藩之封、重修后的天清寺于洪武十七年改称"国相寺"等历史背景吻合。刻字佛砖的所在位置，符合借助修葺佛砖所搭脚手架的施工条件，也对周王府确曾介入建寺、修塔起到旁证作用。试想，明洪武长达31年，明初又建寺、又修塔、又改寺名，若建文帝继位甫定，就为"铲王气"而拆繁塔，无论如何也于理不通。饶有趣味的民间传说，往往和历史事实和客观情况大相径庭。

总之，明初"铲王气"拆塔这一说法，既无合理背景，又无明确的主角人物和符合逻辑的证据，在现存塔体上，更找不到任何"塔体演变"的痕迹。宋代是我国兴建佛塔的一个繁盛时期，而有明一代造塔很少，但修塔的记录则比比皆是。近如开封铁塔，宋代建明代修。远如鄢陵乾明寺塔、修武胜果寺塔、汝南悟颖塔、睢县圣寿寺塔、尉氏兴国寺塔，都是宋代建，明代修。唯有繁塔，既维修了佛像砖，却又说被拆掉四层，岂不怪哉？

可见，说繁塔因"铲王气"而被毁断，是个千真万确的伪命题。

六

现繁塔为原型的工程学证据

繁塔是实实在在的建筑实体，不是时过境迁无影无踪的历史事件，可依靠历史文献，凭借史学家的学识，见仁见智地推演诠释。繁塔的构造存在着固化的建筑学逻辑，它的建筑构件，必然具有建造时期的特征。如果塔身有拆改修缮，必然留存有拆除和改造的可见痕迹。如果没有毁坏迹象，也必然没有过毁、拆过程。不在于写史志的怎么说，也不必靠对诗词作的解读。

重要的是应按"二重证据法"，从工程学角度验证现繁塔是不是宋代原型的。

6.1 现存三层是不是"残留"的？

必须明白，砖斗拱及其支撑的平座出檐都是脆性材料，六七十厘米宽的平座出檐逐层外挑。当以野蛮的拆除手段来铲毁繁塔上部，或者遭受雷击坍塌六层时，上部铲掉或击毁的乱砖坍塌坠落时，必然会将下面的平座出檐、斗拱砸坏，下三层墙面的佛砖也会被碰坏。而客观事实是，现三层的塔体除了风损雨蚀外，找不出一丝一毫的磕砸痕迹。现三层塔身未经磕碰的状况，证明上部从未发生过破坏性拆除影响或雷击造成的坍塌撞击。也就是说，现塔身外墙没有任何考古学痕迹依据。

特别是三层平台边沿，所谓"四层"的这个位置若是双檐，应是缠腰而不是平座的排水砖，而它和下面两层的平座是一模一样的，它从哪里来？这个位置怎么会出现和下层平座一样的构件？（图21）它们必然和下层平座是同时代建造的才能如此。

6.2 现三层平台是不是由"断面"改造而来

不要以为繁塔现三层上的平台（平盘）是明初被人为铲拆，或者宋末元初遭雷击断之后，像切断萝卜一样形成的整

顶端"平盘"即应该是所谓铲除第四级，所遗留"第四级"缠腰的位置。事实证明却是排水"平座"的结构砖，证明这里百分之一百是宋人原建的，是有第四级所不可能出现的。再多的文献说法，都证明不了曾拆掉过第四级！

图 21　三层平台之外檐

齐平台。当繁塔"毁断时"，三层上的平台标高截面，应该是参差不平、高高低低的断面。有论者轻描淡写地说"到了清朝，……在上面盘了个平顶"[1]，要知道这个"平盘"足足有264 平方米。清代人就必须把"残留"的断面，作重大的工程改造处理，而不是一蹴而就。

因为，破坏性铲王气的拆除工程莽撞无序，雷击毁坏就更无法控制，留下的砖茬，不会恰好在现有的"平盘"位置。

第一种情况：如果铲除（或雷击毁）的截面大体在现平台位置，高高低低的砖茬，有的高于平台位置，有的低于平台位置。清代人要把高的残留砖茬拆除，低的修补填平上去，才能改建成现今的平台。就是说现有的平盘的"外檐"斗拱、檐口砖，就应该既有宋代的，也有用清代材料填补的。客观事实却明显不是这个样子。

---

[1]　魏千志：《繁塔春秋》，《开封师范学院学报》（社会科学版），1978 年第 5 期，第 79 页。

第二种情况：是铲断的砖茬全部高于现平台，那就要进一步拆到现平台的标高（即继续拆平）。这种假想状态不是不可能，若此，现平台的外檐就应是"第四层"缠腰的斗拱上皮，看看下部缠腰和平座的砌筑细节就知道，现平台外檐就应该是把"第四层"平座的排水砖，下移几层拆拆改改造成的。当然，264平方米的平台大方砖都也应是清代人全部添加的。

假想归假想，随便说说明代拆了几层后"清朝时又在三级之上加筑尖峰"容易。一旦反推把"残断"塔身改造为平台的具体施工过程，就会知道根本是不可能的。特别是"雷击毁"的断塔横截面状况更是很难想象。

6.3 三层西北侧的爬梯是"第四层"的蹬道吗？

现繁塔第三层的西北侧有一段登平台的爬梯，它和下层内蹬道毫无关系。

如果繁塔三层上原始不是平台，西北侧建这个爬梯干什么用呢？实际上，西北爬梯就是为攀登塔顶平台专门设计建造的。这个问题，看看平台爬梯洞的倾斜角度（图22）就会知道。塔内蹬道的构造，下边踏步和上部额石都是倾角一致。但三层爬梯是下窄上宽的喇叭形设计，"上不着天，下不着地"，完全不符合蹬道和入室洞口的衔接关系。且爬梯不是平行外壁环绕塔心，而是垂直于塔心。相当于从西北方位插入塔心室，必然会破坏"第四层"塔心室的平面关系。

工程学原理说明，三层平台不是拆、断而成的，它和登平台爬梯都是宋人刻意设计而为之。

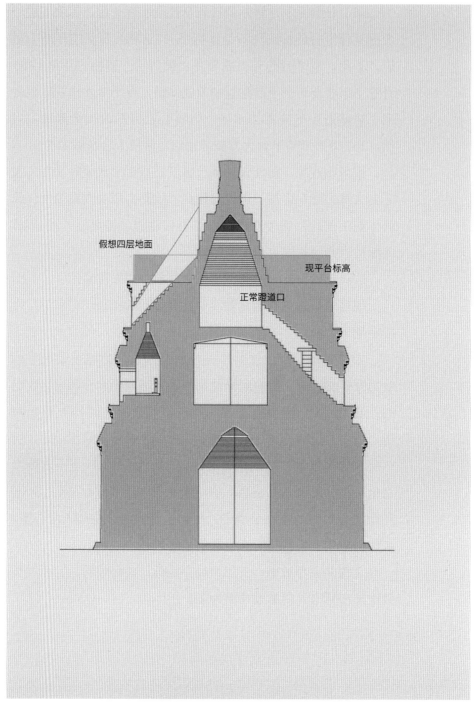

假想四层地面

现平台标高

正常蹬道口

图 22　爬梯角度按登顶而设计

七

小塔的结构断定它为宋代原建

小塔和现繁塔下部三层，是不是宋代原有的组合塔体，是确定繁塔"九层"原型的核心证据。怎么断定呢？一要看小塔的材料是哪朝哪代？二要看下三层和小塔之间的结构关系。

7.1　小塔的建材全是宋代的

　　小塔六个面形成"六棱锥"体，六面六层镶嵌了佛砖，共有 134 块佛砖（注：原始状态应当是镶 123 块，现在的排列数目被 1983 年的维修扰动），其中现存的 113 块都是宋代的。

　　怎么知道小塔上现存有 113 块佛砖都是宋代的呢？从手持宝珠的地藏菩萨佛像砖看，小塔和大塔上的佛像砖造型、工艺、质地都完全一致。只不过小塔佛砖（图 23、图 24）比大塔外壁的佛砖，遭受风剥雨蚀更加严重，但它们和大塔塔心室的佛砖（图 25、图 26），以及外壁的佛砖（图 27、图 28）年代、工艺完全一致。甚至有的佛砖还保留宋人的捐施字迹。

　　主持过 1982 年繁塔维修的王瑞安先生，在其《千年繁塔重修记》一文中也证实："经实地考察，小塔亦为六角，共九层，下边三层和上边一层为素面砖，中间五层每面都镶嵌佛砖，规格与大塔相同。塔刹系青砖磨制。小塔通高 8.78 米，所用材料都系原塔拆下的旧料。"[1]

　　这句话含有小塔的砖材，有明初"铲掉"后留存，到清代找出再用的意思，此论姑且不议。但王瑞安先生的结论明确说，小塔的佛砖和各种砖材全是宋代的，其可信度和真实性毋庸置疑。

　　笔者也曾多次到现场进行调查，得出如下结论。

---

[1]　王瑞安：《千年繁塔重修记》，《开封文博》1999 年 1—2 期，第 6—14 页。

图23 小塔上
的地藏菩萨砖

图24 小塔上
的地藏菩萨砖

图 25 三层塔
心室地藏菩萨

图 26 二层塔
心室地藏菩萨

图 27 塔身外
墙壁地藏菩萨

图 28 塔身外
墙壁地藏菩萨

其一，小塔上佛砖的质地、造型、工艺，以及隐约可见的砖上墨迹，除了因位置高风雨侵蚀重，漫漶程度大之外，明显都是宋代的。

其二，内壁叠涩上端圆盘的六个角，用了六块青石板铺垫。它们经千年渗水侵蚀，渗出碳酸钙的白色蚀痕。清初至今不过300多年，洞室内的青石，一般不会是这种状况。

其三，如果说清朝修建的小塔，用的是原塔拆下的宋代旧砖材，但奇怪的是清代人有何神通，能找到250年前（按永乐十八年至康熙八年，即1420年至1669年），从原塔拆下的旧料呢？又是什么人，用什么方式，将不同种类的旧料，躲过明末崇祯年毁灭了开封城的那次黄河水患，把拆下的佛砖有先见之明的地收藏了二三百年？所以，这么多宋代佛砖以及各种来路不明砖配件，怎能断定小塔上的宋代佛砖，就是明初从大塔拆下保存着，找回再用的呢？何况，若说是宋末元初遭雷击造成繁塔的"残断"，想找回保存完好的宋代佛像砖，恐怕更是难上加难。

其四，特别不合逻辑的是，既然清代补建小塔还能找到"拆下"的宋代佛塔使用，那么，明初"塔七级去其四"刚拆下四层塔身，应该有大量宋代佛砖可再利用呀。为什么明初修葺塔身要重新烧制佛砖？不也用拆下的宋砖呢？

其五，如若说小塔是清代"在残塔上增筑了小塔"，则现三层塔身，由明入清200多年，甚至从元末到清初300余年间，繁塔应该一直是"敞口露天"的。但事实是三层塔心室内的佛砖，仅因小塔和平台交接处有渗漏（转角处最严重）才有明显的漫漶。而其他无渗漏的干燥处，仍然千年如故。特别是二层的塔心室及其内墙佛砖，犹如莫高窟佛像完整如初，色彩鲜艳。大家都知道"敞口露天"的洞室内遇雨阴暗潮湿，更有损于陶土砖。但它们和小塔佛砖经千年风霜，毁蚀严重的极端差别，判若水火两重天。

显而易见，说"清代初年在残留的三层塔身上修建七级小塔"毫无塔身物证、现场验证的依据。

其五，再看1983年的小塔照片（图29），如果小塔建于清代，距今不足300年，它比塔身任何部位都"年轻"，其受岁月侵蚀的程度也应该最小。

但小塔残损之程度却非常严重，它高高在上，没有人为侵

图29　小塔维修前照片

扰，即使地面上的清代和尚墓塔，也不至于残损到如此程度。这说明它完全是宋之后千年风霜剥蚀的结果，因年代久远才会是这种状况。

7.2 小塔的构造证明它建于宋代

小塔是否建于宋代，如果凭对小塔建材的认定，还解除不了小塔建造年代的争议，那就从小塔和下面三层的构造关系，证明小塔建于何时，证明小塔和下部三层是否千年一体。

从塔身剖面图可知，小塔砌的第一层砖，直接是在三层塔心室上平的标高开始。就是说小塔是从三层的"肚子里"开始垒砌，因为此处若为"第四层"的下部，墙体应垂直而非倾斜。

并且，说小塔是清代人"补建"的，必须要有小塔和下部三层塔身新旧建构结合的痕迹。而事实远非如此：

从小塔叠涩的第一皮砖，比平台外檐的斗拱还要低的剖面（图30）可知，如果小塔是清代所补建，则塔心室顶标高以上的所有结构，包括平台方砖、外檐、斗拱等，都必须是清代补建的，绝非仅仅添建一个小塔而已。

如果说小塔是清代补建的，那么，就必须先在残断面"扒开"个大洞，再把小塔从三层塔心室上平补建上来才是现在的样子。事实上，这两种假想都不切合实际。所谓"清代"建的小塔，不可能和三层塔心室上平面"无痕迹"地砌筑在一起。只有小塔自宋代建造时就与生俱来，才会是今天这个样子。

道理很简单，就像判别人们是否戴假发。只有自己的真发，才直接长在头皮里。而戴上的假发和头皮没有关系。看看建筑剖面图就明白，小塔和三层主体塔身的结构关系，就是发根长在头皮里的关系。所以，没搞清现小塔的节点构造，就指认小塔是"清代"所建，不符合最基本的建筑常识。

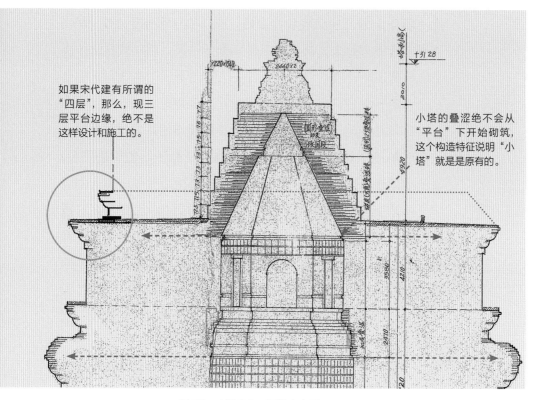

如果宋代建有所谓的
"四层"，那么，现三
层平台边缘，绝不是
这样设计和施工的。

小塔的叠涩绝不会从
"平台"下开始砌筑，
这个构造特征说明"小
塔"就是是原有的。

图30　小塔建在三层塔心室里

7.3 小塔系宋代所建的考古学证据

当人们津津乐道宋代繁塔"原九层"，现繁塔是元代"先
毁"两层，明初"拆掉"四层，或说是在宋末元初"遭雷击"
毁六层时，想过没想过"残断"的繁塔，应该是什么样子？

假定繁塔曾经有过"残断"，各层塔心室，必然会因木质
楼板经雨腐朽而上下贯通。"残留"的三层会像一座空心的、
上部漏着天的"烧砖土窑"的状态。假如确实如此，不管是从
宋末元初到清初的三四百年，或是从明初到清初的二百多年
间，"残留"的漏着天的每一层塔心室内壁的佛砖，必然有"考
古学"上的表现。但事实上，除了第三层塔心室的壁内佛砖，

因小塔和平台交接处雨水"渗漏"造成部分佛砖漫漶外（没有渗漏漫漶的佛砖完好如初）。

在第二层、第一层的塔心室的任何位置上，今天任何人也找不到佛砖上有水浸漫漶的"考古学"痕迹！

打个最粗浅的比喻，如果现繁塔是所谓"原九层"残断后留下的塔身，二三百年来一直没有小塔的遮盖，就像是茶壶没有"壶盖"。毫无疑问，一、二层的塔心室经过二三百年的雨雪侵蚀，墙面佛砖怎么可能完整无损？而无一点点的漫漶？整体墙面为什么是种有"包浆"的状态？所有佛砖为什么还保有古朴的历史色彩？（图31、图32）

凭空想象地说"直至明末繁塔顶上都未修筑尖峰的有力

图31　二层塔心室千年无损

证明。因为只有拆毁后上面敞开着口"[2]，试问，谁能从现有二层塔心室的佛砖上，找到300年来"渗漏"过雨水的点滴痕迹？

图32 二层塔心室佛砖纹丝无损

总而言之，繁塔千年未残，小塔乃宋代所建。所谓"清代初年在残留的三层塔身上修建七级小塔"的说法，不仅没有史料可据，也没有工程结构上的道理，更没有"考古学"上的痕迹作凭据。

[2] 王瑞安、魏千志：《开封宋代繁塔》，《中国历史博物馆馆刊》，1986年8期，第39页。

八

现繁塔就是宋代的原型

由于大塔身上摆小塔的繁塔塔型极其罕见，明中叶就发酵出因"铲王气"把塔铲断四层的故事。加之，塔身又有宋代"九层宝塔"的碑刻文字，更加深了宋代繁塔是"原九层"的定式认知。

但"原九层"的繁塔，并不是按下三层的模式，层层叠摆起来的，实际上它就是现三层大塔和上部小塔的组合体。它以小塔镶嵌六级佛像砖代表六层，下部三层大塔加上"六层"小塔，就是宋代所谓的"九层宝塔"。

8.1 繁塔根本不曾有"九层"楼阁叠摆式的塔体

繁塔的塔身镶嵌有太平兴国三年（978）三月，宋平海军节度使、特进检校太师陈洪进的捐施碑。碑文曰："伏睹繁台天清寺建立宝塔，特发心奉为皇帝陛下，舍银五百两入缘……窃以繁台真境，大国名蓝，六洞灵仙，曾留胜迹，九层宝塔，近立崇基。"[1]

正因为这块宋代碑刻，明确写着"九层宝塔，近立崇基"，所以数百年来，古今人士一直认为宋代繁塔一定是建成"九层"高的楼阁式塔体。既然宋代是"原九层"的楼阁式塔体，可又觉得现存的塔型很像仅有三层，那么"上部六层"去哪了呢？是怎么被摧毁、折损的呢？明清文人争论不息，而近代建筑师又没有条件剖析塔身构造，也被文献上的不实之词导入误区。加之近 80 年来，从没有建筑专家、建筑史学者审视过所谓的"原九层"到底是什么样子，不知道九层"叠摆"的

[1] 开封市延庆观繁塔文物管理所编：《开封繁塔石刻》，中州古籍出版社，2017年 12 月版，第 228 页。

八　现繁塔就是宋代的原型　——

范式塔型认知，压根就是错误的。

最早画过繁塔宋代"九层"假想图式的，是德国建筑师恩斯特·柏施曼。他约在 1907 年到开封考察过繁塔，应当说他委实下过很大功夫。在其著作中我们可见到他精心绘制的"九层宝塔"想象图。他的繁塔塔型想象图，就是比照七层兖州兴隆塔"添加"成九层而已。他绘制的平面图、剖面图都不符合实际。因为他没有登上繁塔，不了解内蹬道设置，对塔身的具体构造茫然无知。

但柏施曼说"金字塔尖加在塔身之上，相当于第四层"的意思，和明万历间陈嘉俞"仅留四级"的认识不谋而合。在建筑师的眼里"金字塔尖加在塔身之上"的组合塔型，相当于"仅留四级"，和象征"九层宝塔"是一个道理。

笔者充满信心地断定：现繁塔是宋人着意建造的组合塔型！除此而外，谁也模拟不出与现塔型不同的、别样的、能合理成立的其他原型。

比如，某博物院布展的繁塔模型，仅是据"原九层"的认知随意制作，除显示了"九层"的形体（图 33），完全不管各层的洞口布置规律，更不考虑"九层"塔身和内部结构存在什么结构逻辑。

也有青年学者在论文里画出她的想象图，一幅是接上六层变成九层，一幅是元代时"断"为七层的样子。毋庸讳言，这样完全脱离建筑学逻辑的图示（图 34）并不成立。

8.2 为什么说曾有"六层"被毁掉是臆断

如果说宋代的"九层宝塔"是上下模式一致的九层塔体，那么，从三层西北侧的爬梯怎么通过"第四层"的西北小佛洞，进入"第四层"的塔心室？第"四层"的塔心室，允许不允许从西北进入？假想的"第五、第七"西北侧，怎么没有和

图 33 某博物院繁塔沙盘

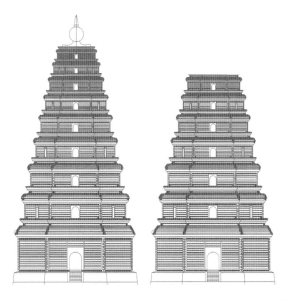

图 34 原型想象图之一（图片来源于《开封繁塔研究》，蓝滢著）

第三层一样开洞？

可以讲，当用想象图示或者具体模型，去形象表达"原九层"的塔体时，就根本解释不通论者以文字描述的道理，且图示和模型反而更确切地证实，臆想的"原九层"塔型（图35），完全脱离与现三层塔身的构造关系。所谓"上部六层毁"的各种猜想，根本就不成立。

图35　假想的九层塔型

8.3　现下三层塔身和小塔是完整的一体

先看一下外檐便知，三层平台外檐上的构件，和一、二层平座是一样的。

为什么三层平台外檐和一、二层的平座一致？因为，宋代繁塔只是三层塔身。依楼阁式古建筑规制，现三层主体上应是六坡攒尖顶式"塔盖"。而上部的小塔，就是相当于三层塔身上"收拢"起来的攒尖顶塔盖。

又因为，下部三层塔身过于粗大，但无须全部遮盖。三层塔身本应有的六坡"攒尖顶"塔盖，只需封盖三层通透的塔心室就可以。故六坡攒尖顶塔盖退至塔心室位置形成小塔，也从而退让出一个很大的平台。小塔的六面和平台共同构成塔身排水的六坡塔盖。第五条外檐并不是平座，而是相当于六坡攒尖顶塔檐的形制。

现三层五檐的塔型（图36），就是宋碑中所讲的"九层宝塔"。宋代匠师是在三层之上建小塔，在九阶小塔上镶嵌六级佛砖象征六层，把繁塔整体建造成三层、六边，三层加六级象征整体九层的、吉祥的"九层宝塔"。这样的造塔设计思路，只要整体地看待塔身的具体构造就豁然清晰。

如果宋人建第四
层，这该是缠腰
而非平座。

平座

平座

缠腰

平座

缠腰

图 36　现塔型
为五檐三层

　　非常有趣是，论者在推想繁塔"演变史"时，已经从相反
思路，触及宋代人为什么要在九级小塔镶嵌"六阶"佛像砖问
题。论者不自觉地说道"终明之世，上面都没有再筑建塔顶。
到了清朝，改朝换代了，禁忌已不复存在，所以在上面盘了个
平顶，筑了个六级的尖峰，以补足繁塔原来九级之数。这样，
繁塔今天的面貌，就最终形成了"[2]。对呀！宋代匠师就是把
下三层主体塔身，与上部"六级"的小塔，统算"九层宝塔"
的理念设计的。凭什么说"六级的尖峰"一定是后人"补足"
的？难道千年前的匠师就不能作这种想象力丰富的刻意设计？

[2]　魏千志：《繁塔春秋》，《开封师范学院学报》（社会科学版），1978 年第 5 期，
第 79 页。

八

现繁塔就是宋代的原型

现今流行的各种塔型解说，都割裂了繁塔下三层和小塔的整体关系。连小塔为什么只贴了六阶佛砖？究竟算多少层级？也各说各话，众口不一。

杨廷宝先生讲它是"六角形五层小佛塔之塔尖"，滕固先生也讲它是"五层小塔"。为什么呢？因为远远望去小塔身上，只能看到镶嵌在八级台阶上的五级佛砖。而没有计入宝顶座上的一级佛砖，即少计入了这一级。1983 年，主持维修繁塔的王瑞安先生，对小塔介绍得最客观真实。他说："对小塔的描述多系近期读物，有说六层，有说七层，都因难及塔顶，观察不清所致。经实地考察，小塔亦为六角共九层。下边三层和上边一层为素面砖，中间五层每面都镶嵌佛砖，规格与大塔相同。"[3]

即小塔的实际构造，是八层台阶式砖砌塔体，下部三阶为普通素面砖，上面五阶都镶嵌有佛像砖。上部是砖砌塔刹，由须弥座和宝顶组合而成，而须弥座的束腰也镶嵌一圈八块佛像砖。

王瑞安先生的意见，把八层台阶和须弥座的束腰一层合计，小塔当然总共九级。

而以小塔镶嵌佛砖的一阶计算一级，因须弥座这一层的束腰，也镶嵌佛砖故也是一级。这就是孟新元先生所说的"塔的小顶恰是六级"[4]所据。而且，不少书刊都讲"半截塔上修了个六层小塔"[5]，即小塔的层级，大都是按镶嵌佛砖的一阶算一级来考虑的（图 37）。

杨廷宝先生考察时，因只能远远地看繁塔，只看到小塔主

---

[3] 王瑞安：《千年繁塔重修记》，《开封文博》，1999 年第 1—2 期，第 6—14 页。

[4] 孟新元：《繁塔与禹王台》，《开封市文物保护单位档案》，未刊稿。

[5] 子英绪昌编选：《开封风物传说》，海燕出版社，1999 年第 1 版，第 45 页。

镶一周八块佛砖

三块佛砖

三块佛砖

五块佛砖

五块佛砖

五块佛砖

第三台阶

第二台阶

第一台阶

图 37 九阶小塔镶嵌六级佛砖

97

体明显的五级佛砖，忽略了（或看不清）须弥座束腰的一层佛砖，所以说是五级。正像柏施曼画的立面图，小塔上只画了五层佛砖，未计须弥座的一级。

近十多年来，有的出版物讲"在残留的三层塔身上修建七级小塔"，这七级之数不知从何谈起。小塔塔身事实俱在，不管你怎么考虑，无论你怎么计算，小塔也不是七级。小塔的八级台阶中有五级佛砖，塔刹底座含一级佛砖，恰好是六级。六级小塔和三层主体合计，恰好为"九级宝塔"。无可置疑，小塔只把镶嵌佛砖的一阶算一级，这才是宋人别出心裁的、原始的造塔理念和逻辑。

这就是说：宋代匠师设计建造的繁塔，是一座由三层"六棱台楼阁"塔身和六级"六棱锥小塔"结合，寓意为"九层"的塔型整体。这一设计理念，遵循了中国古代惯用的"三、六、九"吉祥数据。脱开对这一构造的"建筑意"解读，就揣摩不透宋人的塔型设计。

这样一座横截面近500平方米，塔心室面积50多平方米，实为三层的楼阁式塔形佛殿，不仅设计精到、巧妙，而且是全国唯一的一例。从中完全可以领悟到，千年之前的宋代哲匠就具有很强的砖石结构设计能力。

九

现塔型就是宋代匠师的唯一设计

虽然有学者不认同繁塔曾遭毁断，但是仍觉得宋代匠师不会设计成这种塔型，也可能是施工中途改变设计所致。

9.1 繁塔并不是因故停工的半拉子工程

1983 年发掘的地宫铭石上，记载有"比丘□□鸿彻有愿，亲下手造砖塔一座，高二百四十尺"文字，这是考古的确凿证据。那些并不认可繁塔曾遭毁断的论者，也觉得既然宋代僧众有愿造塔九层高 240 尺，也许繁塔的原设计就是建九层，高240 尺。现繁塔只有 36 米（约 120 尺）高的样子，就可能是中途因故（如缺钱）改变了计划所致。

郑振铎先生做过这样的推测，孟新元先生也有过类似估计，华南理工大学吴庆洲教授的电视授课，也是这么说的。可见，这几位学者都不认同有过"原九层"毁掉六层的事。但又认为虽然宋代的繁塔就是现在的样子，但这不一定是最初的设计，而是"因故变卦"所致。

好在建筑实体不像过眼烟云的历史事件，建筑物可以从本身构造解读出原始设计。

繁塔是否"中途因故（如缺钱）改变计划"，从它的内蹬道（竖向交通）设计路径、梯段角度变化是可以推定的。比如：三层繁塔设置了左右对称的蹬道，像"电工梯"一样，从地坪起步，左右对称地只能登达"三层"塔心室。到了第三层，就没有了任何继续攀登"第四层"构造的关联设计。再者，如果中途停工也绝不是刚到二层就准备"停工"，因为在"二层顶"的西北外墙，就着手建造了登三层平台的爬梯。也就是说，初始设计就是按照内蹬道只抵三层塔心室考虑的。而三层以上为小塔和平台设计，本意就是从二层西北的爬梯攀登上去，这些都是变更不了的。如若建到三层才"因故停工"，为什么左右两条蹬道明明是按一层到三层设计和施工，却要在第二层就开始建西北侧的外爬梯？第三层内外三条"竖向交通"构造是何道理？其实只有一个道理，内蹬道只进心室，外爬梯专上平台。所以现塔身就是完整的初始设计，不是建完三层后临时改变的"半拉子工程"。

9.2 从建筑学原理解读"九层宝塔"迷局

学界之所以对繁塔原型有由来已久的、难以释怀的疑惑，无非三个原因。一，近看它那因粗壮而显低矮的"两层半"塔身，确似"断塔"。二，塔身碑刻中刻有"九层宝塔"的未解文字。三，正在受文献困扰不清时，又发现地宫铭石刻着造塔"高二百四十尺"。因为按照宋代每尺约 0.31 米，240 尺的"九层宝塔"似乎该是 73 米左右，故这一史据更增添了人们认知的迷局（图 38）。

孰不知古人对于古建筑尺度的表述，有虚有实。古建筑的事实尺度决不能仅凭文献推演，更重要的须用建筑学原理来鉴定核实。也就是说要研判现三层繁塔在不违背建筑逻辑的情况下，能否"改建"成 70 多米的高塔？

首先，必须明白所谓的"原九层"也应该能登上去，设门开洞也应当符合现三层的布置规则和韵律。其次，它不会是实心塔，每层都要有六边形的塔心室，而且塔心室甬道口在正南，塔心室和本层其他的洞室相互不通。

其次，且不说"上部六层"怎么登，从现三层起码要能登上"第四层"。这是鉴定现三层以上是否有过"上六层"的核心问题。

古人在编造明代"铲王气"拆四层的故事时，绝对考虑不到在三层之上到底什么样子，今人在说因遭雷击"上部六层

| 攒尖顶 10 米 |
| 第九层 4.51 米 |
| 第八层 4.75 米 |
| 第七层 5 米 |
| 第六层 5.26 米 |
| 第五层 5.54 米 |
| 第四层 5.83 米 |
| 第三层 4.2 米 |
| 第二层 7.2 米 |
| 第一层 11.7 米 |

繁塔第一级面宽 13.1 米，向上以 5% 的缩进率逐级递减。

九层假想复原图恢复三层的缠腰和平坐，并以 5% 的缩进率逐级计算高度，塔顶为六角攒尖顶。现有三层繁塔的高度为 31.67 米，复原后九层繁塔的高度约为 62.13 米。

图 38 假想的九层推导高度

毁"时，也完全不知道连"第四层"也不曾有过。即便近代的建筑专家，倘若不仔细地考察内蹬道的实际状况，也不容易明白现三层塔身，就是一座完整的结构。

杨廷宝先生考察繁塔时，说"北门入口为梯间，但刻已封闭，未能攀登"，这说明他没办法进到蹬道里，不了解蹬道的实际构造，不了解繁塔的蹬道是左右对称的，而且只能通达三层。所以他采用的繁塔平面图，只有左（东）边一条蹬道。

杨廷宝先生的图示，也见于日本学者关野贞先生 20 世纪的一本书中，关野贞先生 20 世纪初曾经考察过繁塔，他绘制的底层平面图，详细地标注了不少平面尺寸，可见他的考察工作很细致。图纸是建筑语言，平面图也是蹬道路径的"导航"图。不要以为建筑学家关野贞的平面图，只是漏画右侧蹬道的简单问题。明明有左右蹬道，他怎么会少画一条呢？这证明他并没有能够进入塔内观察过蹬道。所以关野贞和杨廷宝二位先生，当时还不知道由三层的内蹬道不可往上层攀登，且不可能有过第"四层"的道理。很明显杨廷宝先生和关野贞先生都错以为繁塔和开封另一座宋塔（铁塔）一样，蹬道是绕塔心顺时针攀登，每层都可以通达的。

1983 年维修繁塔时，在开封工程师吴龙泉先生绘制了繁塔建筑图（图39、图40）之前，中外学界都不了解繁塔特殊的、只能通达第三层的蹬道体系。也就没有条件结合现三层的特殊构造，检讨过原来会不会有"九层"的问题。

只要将吴龙泉先生绘的平面图，和关野贞先生的图稍作对比，就知道繁塔蹬道的构造与一般佛塔有根本性的不同。

其一，关野贞的蹬道图示，误认为只有单侧蹬道，螺旋式顺时针上攀。因此图完全背离实际，它就揭示不出从繁塔的第三层，不可以继续逐层攀登的问题。

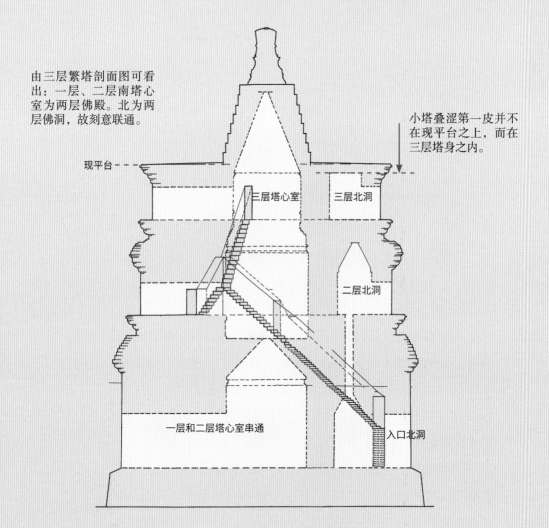

由三层繁塔剖面图可看出：一层、二层南塔心室为两层佛殿。北为两层佛洞，故刻意联通。

小塔叠涩第一皮并不在现平台之上，而在三层塔身之内。

现平台

三层塔心室　三层北洞

二层北洞

一层和二层塔心室串通

入口北洞

图 39　繁塔剖面图

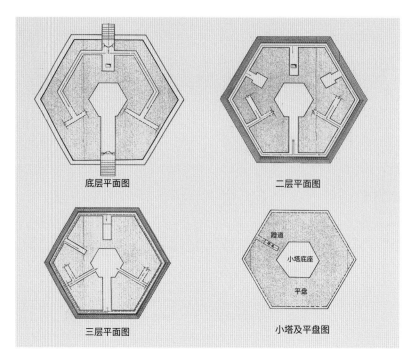

底层平面图　　　　　　二层平面图

三层平面图　　　　　　小塔及平盘图

图40　繁塔各层平面图

按关野贞的平面图解读，似乎繁塔曾有过九层，蹬道也能逐层登至九层。即，若登到某层（如三层），再穿越南甬道（或塔心室），从左（东）侧登入，由另一侧出，继续向上登。但是，因为塔心室是"平放的烧瓶"形状。这种单侧的、设想是螺旋形的蹬道，若仅穿越南甬道，就是一层攀登半圈蹬道，下一层的甬道就要反向转到北面去。不过若穿越塔心室，会打破数50多平方米的塔心室完整，以至于功能报废。原始设计的超大塔心室还有什么意义？

而吴龙泉先生的平面图表明，对称的两条蹬道，是"左右包抄"的封闭路径。全是登达第三层塔心室里截止，要么从原蹬道下去，要么从另一边蹬道返回地面。不管从那一侧登上，到第三层塔心室只能下去。它充分证明现三层是一座完整的塔身体系，和上部没有关系。

其二，现塔身内蹬道只符合三层主塔身设计。因为，繁塔各层的塔心室平面，为"烧瓶"状六边形，具有明确的坐北朝南方位性。既不允许随意调向，也不允许从北边的三个面进入。现有三层平面的规制，显示出其蹬道不能"穿心"通过，也环绕不过去。

繁塔这种对称的蹬道模式，在全国古塔中是唯一的。搞清这一构造逻辑，就知道一至三层的蹬道是完整的体系，不存在从三层至四层，及逐层攀登以至九层的可能性。

其三，假设我们取消小塔，在平台上（复）建"第四层"。由吴龙泉先生的平面图可知，从三层塔心室里肯定不能向上通达"第四层"。只有沿三层的平座绕到西北侧，从现有登平台的爬梯上去。这一先外沿再上攀的路径，作为登"第四层"的途径行不行呢？当然不行。

一是，按照现三层的法式，取消小塔，现塔顶平台的平面中心就应是"第四层"的塔心室。而且"第四层"的西北、东北和北面都应该是建有小佛洞的。

因为第三层内部不能和"第四层"上下联通，若要靠现三层平台爬梯再上攀一层，那就要穿越"第四层"的西北佛洞，再进入塔心室（图41）。因为所谓原九层的"第四层"塔身，西北是需要建造佛洞的位置。无需细说，宋代的匠师压根不会这样设计。更不要说，现三层爬梯出口的构造，并不符合进入塔心室的角度，但想登"第四层"又止此一途。可见，这些笔墨表达不清的、左支右绌的"第四层"构造问题，岂不是反证了"第四层"肯定是不曾有过的？

二是，若有"第四层"，其塔心室的西北墙面会有个第三层至"第四层"的入口，正南又是外出甬道。正北、东北面也应是佛洞，且不能与塔心室打通。六个方位四个不可行，剩下东南和西南面这两个侧面，应是内蹬道从三层到"五层"的外出口，在"第四层"的塔心室开此两口无功用，若不开口又不

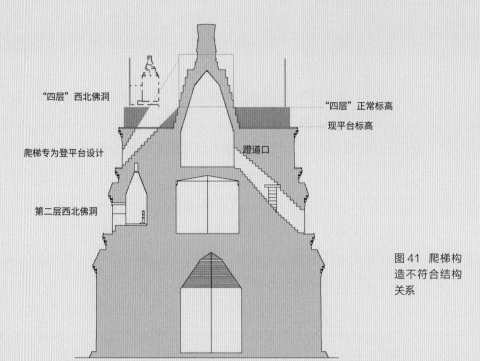

"四层"西北佛洞

爬梯专为登平台设计

第二层西北佛洞

"四层"正常标高

现平台标高

蹬道口

图41 爬梯构
造不符合结构
关系

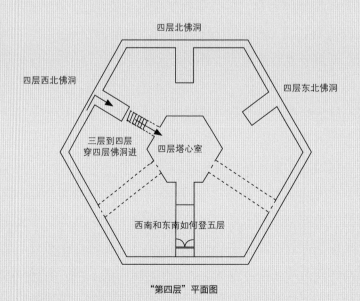

四层北佛洞

四层西北佛洞

四层东北佛洞

三层到四层
穿四层佛洞进

四层塔心室

西南和东南如何登五层

"第四层"平面图

图42 模拟的
第四层平面

符合"第四层"六面六洞口的塔身韵律（图42）。

也就是说，如果从原西北的爬梯登入"第四层"，就知道内蹬道又到了"走投无路"的境地，而且仍然无法登到"第五层"。试问谁能画出有建筑逻辑的、三层以上的内蹬道构造形式？

可见，只要了解清楚现三层的结构体系，就知道无论如何也讲不通曾有过"上部六层"的可能性。事实证明，繁塔从来没有"第四层"而是以小塔结顶，现三层就是宋代完整的塔身。

三是，假设宋人当年真的想建造各层之间一种模式的"九层宝塔"，应当怎么设计呢？

笔者可以肯定地说，只能有一个设计方式（思路或构造措施）：

即仍按一到三层的模式，从第三层的北佛洞里起步，建左右对称的蹬道，跨越第四层直达五层。再以同样做法，从第五至第七层，第七至第九层。即相当于把三段外形雷同的三层塔体叠摞起来（图43），构成"九层宝塔"。

唯有如此，才符合左右蹬道对称、塔心室的上下层平面一致。"奇数"层才只有南、北两个拱形洞口，"偶数"层的六个面，才会有四个拱形洞口和两个方形洞口。洞口开设规律才交替重复，这才符合假想的"九层宝塔"外形，内外结构才会组织有序。

但是，若依照三段叠摞的构造建"九层"，塔身的四段内蹬道会互不衔接，攀登"九层"要经三次越来越高地外沿攀行，这种"九层宝塔"又有谁敢攀登？建造这种"九层宝塔"又有什么意义？

四是，所有的、所谓的"原九层"想象图和模型，都"抹"不掉第三层西北登平台的洞口，况且一旦加建上"第四

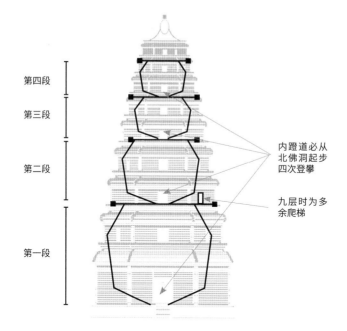

第四段

第三段

第二段

第一段

内蹬道必从
北佛洞起步
四次登攀

九层时为多
余爬梯

图43 假想九
层之四段蹬道

层"（遑论九层），三层平台上爬梯的出口，会不会被占压、遮盖或封堵？看看图14繁塔平台照片，无须笔者喋喋不休数万言赘言，即便不大懂得建筑的人也会明白。倘若建造"第四层"，西北侧的这个爬梯出口，便被封堵或"罩"在小洞里。宋代诗人苏舜钦就无路可走，他们还咋会从"第四层"塔身外墙攀爬到塔顶？

不要说明代的李梦阳、清代的常茂徕，即使今天的学界也没有检讨过繁塔有没有九层叠摞的"原构"逻辑？更不明白即便拆除小塔，现三层塔身上照样不能建造"第四层"。

所以，现三层的塔型，正是宋代匠师圆满的原创，是没有塔层增减可能性的唯一设计。繁塔是宋代的千年原型确切无疑，并且，只要把它与中国现存古塔逐一比对，就知道繁塔的原真性、完整性无可比拟。只要充分掌握塔身现况，就能体会到繁塔保存着的宋代建筑、宗教、艺术和历史文化的信息极具价值。

十

繁塔的独特塔型彰显出宋人的绝妙匠意

10.1 繁塔实为号称九层的三层楼阁式佛塔

明代以降，对繁塔塔型的认知说法纷杂离奇，至今世人多认为宋代繁塔一定是上下一致的"九层楼阁"式。

但宋代匠师建造的繁塔，实为三层、五檐、六边形佛塔，以纯砖砌筑的仿木楼阁式塔身。塔壁超厚塔体中空，以下层的砖砌叠涩和上层木楼板构成两个暗层，构成"明三暗五（层）"的三层仿木楼阁砖塔。形若石窟的三个塔心室的面积绝无仅有，分别达 35.7 到 57.2 平方米。特别是一、二层塔心室上下贯通，似应为一座供奉"顶天立地"佛身的塔形佛殿，这是中国独一无二的。

内蹬道的入口设在一层的北塔洞，1 米左右宽的壁内蹬道左右对称地围绕塔心上行，跨越二层塔心室后，从西南、东南进入三层的塔心室。而且在进入三层心室之前，分别在西南和东南开洞，由此既能沿二层平座通达二层塔心室和北部的三个小佛洞，又起蹬道内通风采光的作用。当我们领悟到宋代匠师的精到设计后，怎不拍案叫绝！

10.2 "小塔"为攒尖顶的变形

小塔和三层大塔是什么关系呢？

流行说法是"在残留的三层塔身上修建了七级小塔"，认为小塔和大塔没有原始的结构关系，也没有建筑学意义。

其实不然，"小塔"是三层塔顶的六面坡屋面，"收缩"构成的六坡攒尖顶式塔盖。

因为主体塔身非常庞大，所以小塔的六条垂脊像"雨伞龙骨"收缩到塔心部分。只对三层中空的塔心室加以遮盖，既避免塔盖笨拙，又满足了遮雨功能，并且形成了"编钟"似的佛塔造型。

所以，"小塔"是三层五檐塔身不可或缺的一部分，只不过宋代匠师巧妙地将三层塔身的攒尖顶，收缩（变换）成小塔模样（图 44），也因此衍生出一个平台。同时，借助小塔的"九级"台阶，刻意镶嵌了六阶佛像砖，用镶嵌佛砖的一阶算（表征）一级。从而使六棱锥形的"六级"小塔和六棱台的三层塔身，建构成繁塔的整体。合计成为"九级宝塔"，巧妙地显现出"三、六、九"佛界吉祥的寓意。

由于三层塔身和小塔粗细差异很大，二者结合处的界面形成大平台，创造了一个登顶眺望的去处，否则，宋人苏舜钦当年能爬到哪里的塔顶去？

10.3 三层五檐的仿楼阁式规制

繁塔是按照木构形式建造的，其"外形完全模仿楼阁式木塔，屋檐、平座、柱额、斗拱等"[1]纯粹用砖的典型楼阁式砖塔。外观三层，实则"明三暗五"的塔型。塔身中心是三个四五十平方米的塔心室和两个暗层，第一、二层之间的暗层高可立人，可作为储物藏经的空间。这样的塔型，在我国现存古塔中无疑是唯一的。

繁塔外壁亦可称"五檐滴水"，因为三层塔身的五条外檐中，第一条、第三条反叠涩外檐虽不施瓦，但雷同木构楼阁的缠腰之制。第二条、第四条外檐，如同木构楼阁的平座，但功用与木构建筑的平座迥异。

一般的木构平座设栏杆，但并非排水之檐，缠腰反倒是下层平座的遮雨设施（如苏杭诸塔）。笔者在此将繁塔的两层

---

[1] 刘敦桢主编：《中国古代建筑史》，中国建筑工业出版社，1984 年第 2 版，第 220 页。

图 44　繁塔北立面，小塔是三层塔身的攒尖顶

"平座"视为排水外檐，并不贴合古建筑的一般道理。那么，三层楼阁的古建中有没有"五檐滴水"之说（例）呢？ 笔者谫陋并未习知。

然熊伯履先生的《相国寺考》中，有"使燕日录载：'后一阁参云，凡三级，牓曰资善（圣）之阁。'"[2]又讲"《癸辛杂识·别集》载'资圣阁雄丽，五檐滴水'即其明证"[3]。据此可知，宋代对三层楼阁的五条外檐，确有"五檐滴水"之称是没问题的。

令人称绝的是繁塔的两条"平座"，其功能并不是供人观览的外游廊，而是有组织的排水檐设施。在平座的边缘，特意使用一种反卷"沿口"的排水砖（图45）。又通过两砖合成的圆孔，使雨水汇集成水头"喷射"出去，避免雨水顺塔身漫流过多地浇淋塔身。纯粹砖砌的繁塔，真正做到了木结构楼阁实质并不存在的"五檐滴水"，这一做法是宋人结合砖塔特点的突出创意（开封铁塔做法亦同）。

图45 平座之
排水檐口构造

[2]［3］熊伯履：《相国寺考》，河南人民出版社，1963年版，第49页。

10.4 既是佛塔又是塔形佛殿的设计

繁塔除两层楼板使用木材外，其余全部以砖石建造。六边形底边长约 14 米，塔身基地正负零面积 452.68 平方米，总体积 8799 立方米。这样粗壮的大体量塔身，在全国砖塔中首屈一指。砖砌塔身高 34.88 米，坐落在 1.8 米的台基之上（通高 36.68 米），其塔身构造融合了双重功能。

10.4.1 底层和二层上下贯通犹如佛殿

繁塔底层的六边形塔心室面积 57.2 平方米，由正南券洞甬道进入。这样大面积的塔心室，当年一定是会敬持着佛像的。那么，一层塔心室敬持着什么佛像呢？首先说，心室大佛像就不会渺小。其次，塔心室内壁镶满佛砖，敬立的佛像就不会靠墙而立，遮挡干扰，理应中心放置。

但心室上部是以叠涩收缩为对边距 2.68 米，对角距 3.12 米的六边形洞口（图 46），使二层的塔心室上下贯通在一起。

图 46 一层塔心室叠涩顶原状

117

这样以来，居中敬持的佛像头顶上"透空"着六边形空间，若是一般佛像，岂不怪怪的？二层塔心室又作何用呢？笔者认为，或许当年就是为敬放躯干在底层、肩部以上在二层的"顶天立地佛"泥塑像的意图设计的。底层和二层塔心室相贯通，就相当于一座"二层"的佛殿，舍此无从解释。

就是说，繁塔面南的两层心室，构成一座独立的、石窟式的、二层的圣殿佛堂。

1983年维修时，错误地封闭了叠涩上的洞口。由于二层塔心室和其他空间原本不通，叠涩封闭后又与底层切断，使一层和二层塔心室分割为两个完全孤立的空间。不仅破坏了塔身的原始构造逻辑，更阻止了上下层空气流通的风洞效应，置一层和二层塔心室内壁佛砖处于易受潮解的境地。不仅违反"作为历史的实物见证，历史信息的真实性是文物建筑的生命。更不许可伪造"[4]的原则，且可能缩短繁塔第一层塔心室内佛砖寿命。

这不是危言耸听，底层室内佛砖潮解的现象正在发生（图47、图48），长此以往想让它们仍能存留千百年，继续传流后世谈何容易。

此前的上千年，"顶天立地"泥塑佛像立于底层莲台，从叠涩洞口穿越到二层塔心室，会是什么状态和"礼佛"路径呢？应是由底层南甬道进入塔心室俯躯礼拜，通过叠涩洞口空档仰望佛祖。必要时，亦可从内蹬道二层的西南、东南出口走出，左右相向绕至二层南甬道，北向进入塔心室膜拜。

这俨然构成一个坐北朝南的洞窟式二层佛殿。它和蓟县独乐寺观音阁、正定大悲阁佛殿、稷山大佛寺有异曲同工之妙。

[4] 陈志华：《文物建筑保护中的价值观问题》，《世界建筑》杂志，2003年第7期，第80、81页。

图 47 干燥环境下佛砖完好

图 48 较潮湿环境下佛砖易毁

119

验证这个模式的核心问题，是底层上部叠涩空洞的尺度，符合不符合"顶天立地佛"的躯干尺度？

首先，经测量，底层上部叠涩的六边形孔洞，东西对角线3.12米，南北边距2.68米。一层高11.7米，二层高7.2米。如佛像基座设定1.2米，像高13米，二层塔心室可现佛身2.5米。只要佛身能穿越最小边距2.68米的六边形叠涩孔洞，且佛身高瘦比例合适，当时底层塔心室敬持有"顶天立地佛"是极可能的。否则，一、二层塔心室为何上下贯通？二层塔心室中心是六边形的大孔洞怎么好用？

其次，可以看出为了构建这个洞窟式佛殿，强化其神圣肃穆的氛围，宋代匠师对这个两层的塔形"佛殿"，用多样手法做了明显的"匠意"处理。

一是，在一层和二层塔心室的南甬道两侧墙壁，左右对称都镶嵌了两通石刻佛经，每通高约1米，长4余米，彰显了两层塔心室同为一座佛殿的意图（图49、图50、图51）。第三层的塔心室仅只登塔观览，人员嘈杂并非重要礼佛场所，就不再镶石刻佛经（图52）。

二是在二层塔心室的南面墙，着意镶嵌了20块乐伎砖。明显是面对坐北朝南供奉的佛像首，营造一种奏乐礼佛的场景（图53）。另则，繁塔为什么原称"兴慈塔"？会不会就是因敬奉观音？观音菩萨往往是修长的站像，如蓟县观音阁佛像、正定大悲阁佛像，一尊站佛穿阁楼的两层。

三是在繁塔二层正南的外墙面上，以洞门为界左右对称镶嵌了16块罗汉佛砖（图54），布置成类似殿堂胁持的格局。因为佛首处于二层，所以着意装饰二层，也透漏出宋代匠师有意营造塔形佛殿的讯息。

1983年维修时还改变了暗层的"架设"方式。错误地在

图 49　一层心室甬道镶石经

图 50　一层心室"佛殿"内景

图 51　二层心室甬道镶石经

图 52　三层心室甬道不镶石经

图53 一、二层塔心室南壁20块乐伎砖例

图 54 繁塔外墙壁 16 块罗汉砖例

二层塔心室内墙上打洞，支撑架设的通长木梁，把二层塔心室地面改为完整的木地面（图55）。实际上，原始状态内墙并没有木梁的"支撑洞"，也不存在通梁。原始的二层暗层应为"中空"的六边形环状结构。水平向六根短木梁一端支撑在内墙砖砌台阶上，另一端支撑在一层六边形叠涩孔洞边缘的六根竖柱上。六边形的环状"暗层"底部为六边形叠涩的上平面，上部成为二层塔心室的六边形木地板。

改变原始结构的架梁方式

此处原始为对角 3.15 米，
对边 2.48 米六边形孔洞。

图 55 暗层改为通梁架设方式

10.4.2 独立的登塔观景系统

繁塔不仅具备登临观览功能，而且为了不影响一、二层塔心室营造的礼佛殿堂功用，它的登临路径，设计了完整而且独立的竖向交通系统。

出入口开设在一层的北佛洞，左右对称设置 1 米来宽的壁内蹬道。左右蹬道以同样的步高、同样的水平转角攀登，超越二层以上，再分别转向九十度垂直于塔心，从西南和东南两侧向上进入三层塔心室。亦可反向下降八级台阶，沿二层外檐平座上，从左右两侧向南绕到二层塔心室。或者，向北绕行一周到达北面的三个佛洞。

宋代的陈与义、金代的赵秉文，以及后世至今的民众，登塔观览的正常路径，都是由北洞门进入，从左右壁内蹬道直达三层塔心室。三层塔心室内往上无蹬道可登，向下就折返北洞地面。正常的登高活动就是这个过程。

若由三层塔心室的南甬道走出，沿三层平座绕到西北侧，也可以从登顶爬梯上到平台。宋代苏舜钦们的"及颠"过程就是这个路径，这是繁塔独一无二的、既有趣又有挑战性的登塔顶平台的途径。

繁塔对称的壁内蹬道，从北入口直达三层塔心室。并在二层以上的西南、东南通往平座两侧开口，既沟通内蹬道与二层塔心室、小佛洞的内外联系，又给蹬道采光通风（图56）。

综上解析可知，繁塔一、二层的礼佛殿堂空间，和"内攀外沿"的登塔观览路径互不干扰。礼佛与登塔观览两种功能齐备，且自成系统。

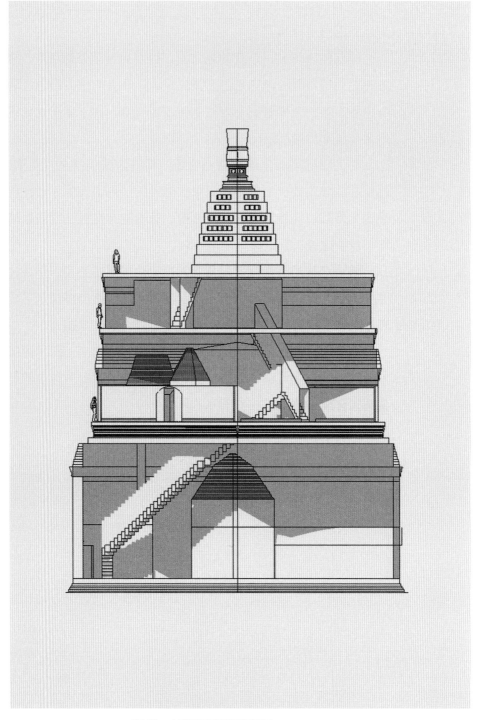

图 56　内蹬道及登顶路径简示

十一

繁塔的"六洞"构造机巧出奇

在二层北佛洞陈洪进的捐施碑文中，对将要建造的繁塔造型，生动地传达了"六洞灵仙，曾留胜迹，九层宝塔，近立崇基"的设计信息。明清以至于今，人们总在纠葛繁塔应该是"九层"的问题，始终回避解读"六洞灵仙"和塔身的构造有没有关系？是什么关系？难道"九层"与塔身有关，"六洞"二字和塔身就毫不相干吗？绝不是！切不可选择性解读碑文信息。

中国古文的表述方式，往往有"明晰不足，暗示有余"的习惯。事实上，宋人的碑文既然提到"六洞灵仙"这四个字，那他们一定和"九层宝塔"一样必有所指，也一定在塔身中有具体的构造措施。现三层的塔身中，也实实在在体现出宋人刻意构建六个"洞空间"的设计匠意。

11.1 三层塔身的"六洞"构成

第一层的塔心室由南甬道进入，它和二层塔心室是通过三十层叠涩上的六边形孔洞上下贯通的，甚似一个"亚葫芦"的内空间形式。由一、二层塔心室原始状态的贯通形式，即可视其为（形成了）一个独立的两层洞室。单纯看一、二层塔心室的这一结构，或许省悟不到它和灵仙"六洞"的设计意图有什么直接关系？

但结合北入口和二层北佛洞的构造联系，就能恍然大悟：

小小的一层北入口塔洞上部，宋人建了六七米高，约一平方米的空井筒。把一层入口和二层的北塔洞上下串通（图57），更像一只竖立着的"哑铃"，这个构造的功用匪夷所思。有人说这个"井筒"构造，可能是烧香拜佛时的烟道，但这完全不必要。因为，北入口小佛洞纯属交通功能，也非礼佛场合。且开放性的入口和宛如巨大烟囱的两侧蹬道，根本无须另加排烟通道。笔

图57 北佛洞的一、二层上下贯通

者也曾推测它在施工阶段，可能作为提升建材的通道功用，但是井筒壁至今如同新砌完整无损，完全没有提拉建材时的摩擦磕碰痕迹。

这个"井筒"不仅看不出它有任何功能性，而且使二层上北塔洞的地坪，出现一个有害的"陷阱"。宋人为什么要把一二层北佛洞建造成这样呢？必定有其设计的深层含义。

当联想到一、二层塔心室的贯通关系，就领悟到这岂不是采用同一手法，把一、二层塔心室，通过六边形叠涩"孔洞"把上下空间贯通，使得一、二层塔心室形成一个"两层阁楼"。而第一层北入口和二层北佛洞也通过"井筒"构成北侧另一个"二层小佛洞"。这就明白了现三层塔身实有八个洞空间，宋人怎么会说是"六洞灵仙"的道理？

因为，一层和二层的南侧塔心室，以及一层和二层的北面小佛洞，分别上下组建为独立的"二层"的室（殿）、佛洞。那么，塔身二层就缺少了两个属于二层本身的"洞空间"。所以，在二层的西北和东北侧，又各建有一个独立的佛洞。

第三层塔身和一层相同，仅有一个南向塔心室和一个北佛洞。

归纳起来就是：因第一层与二层的塔心室上下沟通，一层

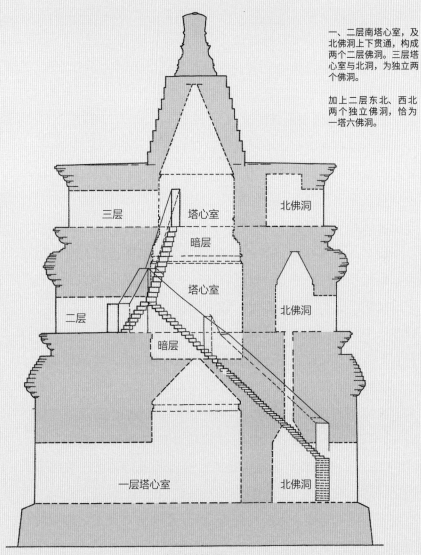

一、二层南塔心室，及
北佛洞上下贯通，构成
两个二层佛洞。三层塔
心室与北洞，为独立两
个佛洞。

加上二层东北、西北
两个独立佛洞，恰为
一塔六佛洞。

三层　　塔心室　　　北佛洞

暗层

二层　　塔心室

暗层　　　　　　　北佛洞

一层塔心室　　　　北佛洞

南北轴剖面图

图 58　塔身六洞构造解析

和二层的北塔洞也上下联通，相当于一层有南北两个"二层"的佛洞。于是塔身二层就有了西北侧和东北侧的两个独立的小佛洞，三层又是一个北佛洞和一个塔心室（图58）。

宋代匠人就是如此巧妙地把三层繁塔的八个"洞"空间，设计构建成不同形式的灵仙"六洞"。

11.2 三层塔身的六洞证据

现三层塔身实有八个洞室，说它们只算六个佛洞，有什么界定的依据吗？当然有！因为凡构成一个空间（洞或室），应当只有一个"顶盖"，而叠摞在一起的多层可串通空间，不管几层也只有一个顶盖。

比如，单层小平房有一个房顶，两层别墅也只有一个屋顶。以此建筑规则权衡，繁塔的第一、第二层塔心室以六边形空洞联通，只在二层塔心室上做木构藻井顶（图59），当然可视作一个两层的殿堂式"佛洞"。同理，第一、第二层的北佛洞上下串通，只有二层上的楔形叠涩顶（图60），当然也是一个两层的"佛洞"。

而二层西北的独立佛洞，是用叠涩构建的蟠龙顶（图61），东北的独立佛洞，是用叠涩组合的凹槽形"天宫"顶（图62）。三层塔心室上是小塔的六棱锥形叠涩内壁，收拢为圆顶封闭（图63），正北的独立"佛洞"是半圆券顶（图64）。这六个空间（含两个组合空间），恰好建构出六种不同造型的"洞顶"。这岂不是刻意设计的灵仙"六洞"？

不难看出，第一层南、北都有"洞空间"却无独自的顶，而是和二层上下串通共有一个"洞"顶。第二层东北和西北各增设一独立佛洞。第三层，仅有南一室、北一洞。六"洞"六顶，造型各不相同。

另外，当我们考察灵仙"六洞"不同形式洞顶时，发现第

图 59 二层塔
心室的六边形
藻井顶

图 60 二层
北洞上叠涩顶
（模型）

图61 二层西
北佛洞叠涩顶
（蟠龙）

图62 二层东
北佛洞叠涩顶
（天宫）

图63 三层塔
心室顶（小塔
内景）

图64 三层正
北佛洞圆券顶

三层的北佛洞为半圆券顶，墙面佛砖漫漶状况比任何地方都严重。这是为什么？原因是第三层的北佛洞的上部就是平台，不可能像二层佛洞那样用叠涩砌筑高顶，只好建成半圆券顶。且券顶和平台之间面层很薄，雨雪天易渗水而漫漶重。这从侧面也证实，宋代繁塔只有三层，三层塔上即为平台。

11.3　从宋人捐施碑文中解读繁塔建造匠意

在繁塔二层的北佛洞里，有一块宋代平海军节度使陈洪进的捐施碑，碑中写到"窃以繁台真境，大国名蓝，六洞灵仙，曾留胜迹，九层宝塔，近立崇基。洪进顶戴睿恩耳，聆厥善，合掌爱游于妙域，倾心特舍于中金"，这块碑文明示了宋人的造塔设计理念。

这篇碑文的文字很优美，这篇碑文的文意也很明显。当陈洪进到天清寺看到繁塔刚刚施工到高大的塔基时，他愿意施舍一些银钱襄助造塔。寺院僧人或匠师必然会把要建佛塔的设计（或图形）告诉陈洪进。宝塔要建成什么样子呢？要建个"九层宝塔"。故今人念念叨叨的繁塔"原九层"，即源于此。

问题是，第一，宋人碑文中"九层宝塔"的具体塔型，一定是上下同一模式的九层吗？绝不是！而是由下三层主体和六层小塔，组合而成的"象征性九层"，也就是现存的"铜钟"形塔型。

第二，古往今来的论繁塔者，对碑文中与"九层宝塔"对仗的另一句，"六洞灵仙"的设计含意置若罔闻，都避而不谈"六洞灵仙"与塔型设计的直接关系。

也许有人认为"六洞灵仙"和"曾留胜迹"是一个完整句式，就是指过去天清寺有六个"洞窟"或高僧修行的"洞室"，与建什么塔型无涉。

其实不然，"曾"与后面的"近"对仗，"近"为现在进行时，指陈洪进捐钱时正在建繁塔的塔基。那么"曾留胜迹"是过去时吗？倒也不是。开封繁台周边一马平川，压根没有任何洞窟。天清寺始于后周，充其量不足十多年，又何曾有过六个高僧大德，留下了他们修行过的"洞室"被视作胜迹？

碑文既然提到"六洞灵仙"必有所指，一定与繁塔的造型有直接关系。正如前述，宋代匠师就是将三层塔身的八个"洞室"空间，首层和二层的洞、室两两组合，构成灵仙"六洞"。并对六个"洞顶"的构造形式刻意作区别处理。还能有比这种设计手段更能显现出灵仙"六洞"的匠意吗？倘若繁塔是同一模式的9层，仅南塔心室就有9个，再加上北面每层的小佛洞，至少有18个洞室，还谈什么"灵仙六洞"问题？

须知，古文的"曾"字也作"增添"之意。譬如《孟子》"曾益其所不能"的"曾"字，就是增加、增添的语义。"曾"亦是虚词，有"乃"的意思。"曾留胜迹"意思是"增添""将留下""乃成为"一处胜迹。

故"曾留"者，并非是说过去时的"曾经"留下了什么。而是指繁塔建成之后，能"增添"一座什么样的塔，会留下一座什么样的塔。因此，"六洞灵仙，曾留胜迹，九层宝塔，近立崇基"这十六字，说的意思是：正在建造的天清寺塔，刚刚建成了高大的基础。这个九层的、有六个佛洞的宝塔一旦建成，就会给后人留下（增添）一处胜迹。

笔者坚信，自己的解读毫无问题。若囿于误解的"原九层"字眼不释怀，对"六洞灵仙"的含义置若罔闻，一门心思考虑原"九层宝塔"是如何断掉的，那就永远不能正确地、全面地认知繁塔。

像这样有明确的碑文，把当年造塔的完整理念传达给后人的实例，唯一有繁塔。仅凭这种塔型设计手法，即可见宋代强势的建筑风采和技艺!

繁塔,三层大塔上摞着六级小塔,最接近原始的"窣堵婆",也颇似中国的编钟。明三暗五,五檐六边,缠腰平座,何处不合法式?

繁塔,内蹬道左右对称独一无二,南向塔心室上下两层贯通,按塔型佛殿作刻意装修。礼佛、观览功能明晰且隔离,构造设计组织的独特合理。外在形象三层楼阁式塔身,内含六个"石窟式"佛洞,处处可见宋代哲匠的精构覃思。

11.4 为什么繁塔建成这种样子

繁塔这种别树一帜的塔型,肇始于北宋,集中于北宋政治中心开封府地区。迥别于江南砖木塔和北方辽塔,实为古建史忽略之课题。

因为,除了低层的僧人墓塔,中国佛塔大都是"擎天一柱"的高层建筑,或者密檐式的实心柱状形体,这些均与原始的"窣堵坡"相去甚远。而繁塔粗壮的三层楼阁式塔身,上部组合以六级挺拔的小塔,整体形态不是最接近"窣堵坡"的原始形式吗?如果说是民族化,它镶满佛砖的塔心室和北魏石窟相似,它的造型和一枚中国"编钟"又何其神似。难道宋代的哲匠不能有这样的"匠意"?这有什么不可理解呢?

所以,繁塔里里外外镶满佛像砖的做法,也绝非是偶然的。

佛教传入中国后,南北朝时期的石窟雕刻、石塔模型或石碑造像,常见以佛像装饰塔身。这种以佛像装饰塔身的"理想化"塔型,起初只是以石雕模型的方式出现,并无工程结构的实例。因为石窟雕刻的石塔模型,工艺师想到什么样子就能"刻画"出什么样子。但要运用砖石砌筑的手段,建造出既仿"木楼阁"又万佛加持的塔身,却是复杂的设计和工程问题。

而繁塔就充分利用了纯砖塔的材料优势,在六边形塔身

图65　北朝曹天度石塔　　　　　　图66　云冈石窟塔形石柱

内外镶佛砖装修，体现出早期"石刻模型"塔的装饰形式。看看北魏曹天度石塔（图65），看看云冈石窟塔形石柱（图66），就知道繁塔镶满佛像砖，与南北朝时期的塔形石雕的规制是一脉相承的。后世的任何建筑类塔型，包括唐塔、辽木塔、实心密檐塔以及江浙的楼阁式砖木塔等，都做不到塔身敬持千仙万佛。

　　这种用佛像砖镶嵌塔身的模式，传遍以北宋开封府为中心的中原地区。不仅开封繁塔，六边形的尉氏兴国寺宋塔、济源延庆寺宋塔（图67）等如此，而且八边形的开封铁塔、滑县明福寺塔（图68）、蒙城万佛塔等亦如此。

　　所以，用佛像装点的楼阁式塔身，最早是在开封繁塔上才得以实现的。而且只有中原地区的宋代匠师，才设计并使用这一造塔方式。可见，是以繁塔肇始的楼阁式纯砖塔，把南北朝时期的石塔模型，演进成工程类佛塔建筑物。中国建造佛塔的

图 67　济源延庆寺宋塔

图 68　滑县明福寺宋塔

"繁丽时期"，就是北宋时期在中原地区率先出现的。

　　宋代佛塔不单纯是四边形、六边形、八边形的简单区别，也不局限于纯木塔、纯砖塔、砖木塔、石质塔等材料的不同。还要看到以镶嵌佛像为特色的纯砖塔，与应县辽木塔、江浙沪砖木塔有很大区别。江、浙、沪砖木塔，诚然外形酷似楼阁，却实现不了塔身"披挂"千佛像万佛砖的形象。这一塔身的"装饰"手法，唐塔是没有的。宋代砖木塔、密檐式辽塔也是没有的。

　　这么突出的、古塔演进的时空节点，这么明显的、不同地区的古塔特征，古建史界应该予以必要的关注和应有的反映。

十二

繁塔的古建史学意义

由原"中国营造学社"梁思成先生、刘敦桢先生等前辈大师，开创的中国古建筑和建筑史研究，奠定了中国古代建筑史学的基础。鲍鼎先生有言："塔之一物，虽非我国所固有，然在我国建筑却占很重要的位置。我国木建筑遗物，上推至隋唐时代，多已荡毁无存，但远在六朝时代的佛塔，今日还可以见到。我们不但在佛塔上可以看出我国砖石建筑的演变，而且由其细部结构与装饰手法等，兼可考求当时木建筑之概略。"[1]

由此可知我国的楼阁式砖塔，和砖木楼宇建筑渊源一样深远，是构建中国古代建筑史的基石之一。梁思成先生把佛塔分为三期、五类，繁塔就是（宋、辽、金）"繁丽时期"中最早、最罕贵的仿木楼阁式砖塔。

12.1 繁塔是"三层楼阁"规制的砖塔孤例

宋式砖木建筑的营造规制、程式和技术，在 10 世纪甚至于 9 世纪，已经相当成熟。比如，建于辽清宁二年（1056）的应县木塔，正像梁思成先生所言"整座建筑共有不同组合形式的斗拱五十六种"[2]。而建造应县木塔时，《营造法式》尚未成书。若用《营造法式》衡量应县木塔，缠腰、平座、回廊、副阶、明五暗九，各种特征毕具。且其内环柱围合的大空间，每层都像殿堂一样放置佛像敬持。也就是说宋、辽时期，建造结构复杂形式壮丽的楼阁式木塔，已毫无问题。

而我国的楼阁式砖塔，内部几乎没有进行佛事活动的空间和余地。江浙地区的砖木塔，虽然其外观构造和形式与楼阁式木塔高度相似，但其是外在形式上对木塔的"高仿"而已。

---

[1] 杨宝林：《中国营造学社汇刊》，2006 年 8 月第 1 版，第 6 卷第 4 期，第 1 页。

[2] 梁思成著：《图像中国建筑史》，百花文艺出版社，2001 年版，第 216 页。

而宋代繁塔虽为纯砖砌筑之仿楼阁式佛塔，用材与木构造塔迥异，但用《营造法式》考量，却几同完备的三层"塔型"楼阁建筑。由于建筑史界不了解繁塔、不认知繁塔，所以对繁塔的结构特征、营造技艺知之甚少。

如果把繁塔"结构特征"的研究提上议事日程，现行高校《中国古代建筑史》教材中，有的结论应会有所修正。

比如，刘敦桢先生主编的《中国古代建筑史》认为，"与木结构（塔）不同的是宋代的砖石塔内部没有暗层"[3]。可是繁塔和木楼阁一样，不仅外部的缠腰、平座构造充分照应，内部空间还切切实实构建了两个暗层。使砖塔成为"明三暗五"层，这样的"结构特征"实属砖塔之孤例。其暗层高度1.8米，其一、二层贯通，可以敬持穿越两层的"顶天立地佛"（类似蓟县观音阁），而且因两层贯通而构成的六边形"箱式"暗层还具有储物藏经的使用功能。

而江浙地区的楼阁式佛塔，大多为内、外壁及回廊结构的砖木塔。塔心砖柱内设心室或暗藏的天宫，外"穿"木构挂瓦缠腰、平座。内回廊与外平座间，采用数步台阶以调整内外层高差（如苏州瑞光塔），故塔身不再有明确的暗层。但从繁塔的构造看，一概而论地讲"宋代的砖石塔内部没有暗层"，是不符合事实的。

江浙地区的楼阁式佛塔，塔心室一般狭小，而且有的受"穿心式"蹬塔制约，绝没有可以敬持大型佛像的内空间。像繁塔这样拥有两层数十平方米的塔心室，可作开展佛事活动的殿堂。而北入口和内蹬道直通第三层塔心室的竖向交通系统，形成专以提供登高游览的活动空间（如现存金代赵秉文墨迹

---

[3]　刘敦桢主编：《中国古代建筑史》，中国建筑工业出版社，1984年第2版，第224页。

"重阳日同登"的例证）。从功能性上讲，繁塔就是我国 10 世纪以前诞生的、功能周全又区分明确、设计巧妙的砖砌"三层楼阁式"佛塔。

又如，对于古代佛塔千姿百态的塔型，恐怕很难找到实证能了解到造塔匠师当年设计的思路，每每靠现今建筑专家的解读去揣摩。而繁塔却在捐施碑文中清清楚楚地给我们留下了"九层宝塔""灵仙六洞"的设计理念。虽然不易一目了然地解读出来，但宋代匠师通过把九阶小塔只镶"六级"佛砖的手段，传导了把小塔的六阶佛砖算作"六级"，与三层主体组合成"九层宝塔"的信息。也透过一二层心室、佛洞上下贯通的"反常"做法，启示后世明白匠师把八个洞空间整合为"灵仙六洞"巧妙设计。

当我们结合塔身的构造，正确了解了宋人碑刻对塔型内涵的描述，就会知道繁塔不愧是中国古塔珍贵的孤例。

12.2 繁塔的古建史学术价值

近七十年来，古建类文物归文化、文物部门管理，成绩卓然无可厚非。但也无须讳言，建筑学和文史类研究"术业专攻"有别，对于古建筑类文物的研究，"不求器物之所起，图鹜架空之论者"不乏其例。而建筑学史界碍于"门户有别"，很少能直接介入古建筑管理，更难深度把握古建类文物的考古信息，对古建筑的综合性学科研究无能为力。类似繁塔塔型的错误认知，长期得不到纠正实源于此。

诚如建筑专家所言"中国古代建筑艺术内涵与结构特征的研究"，"仍然有大量的疑难问题没有解决"。[4] 应该讲，繁塔就是缺乏"建筑艺术内涵与结构特征"研究的典型实例。

---

[4]　王贵祥：《中国建筑史研究仍然有相当广阔的拓展空间》,《建筑学报》, 2002年第 6 期, 第 65—67 页。

其一，繁塔是我国六边形砖佛塔的祖型。

我国古建史对六边形砖佛塔的学术研究还很薄弱。早如梁思成先生的《图像中国建筑史》，也仅举五台山佛光寺的祖师塔一例，其实其仅为僧人墓塔，尚不属于建筑类佛塔之例。

原《营造学社》的鲍鼎先生，在 20 世纪 30 年代，对中国唐宋古塔做过研究。他的一篇《唐宋塔之初步分析》，胪列繁塔以前的唐、五代塔 25 座，其中八边形的仅 4 座。其中有两座石雕塔，一座禅师墓塔，皆不是建筑类的独立大塔，不足参证。另一座郑县（现郑州）开元寺塔，为八边形大塔惜现已不存。后来发掘地宫时证明，此开元寺塔也并非唐塔而是座宋塔。

《唐宋塔之初步分析》文中统计到的 62 座宋塔，50 座为八边形，10 座为四边形方塔。六边形砖塔只有两座！一个是繁塔，一个是浙江天台的"国清寺"塔，号称隋塔实际建于南宋。天台"国清寺"塔九级，虽然和繁塔一样是六边形，但与江浙宋代诸塔同样是砖木混合的结构模式。

现建筑史界通行的概念，一如鲍鼎先生所言："塔的平面，最先概为方形，如唐西安大雁塔等。宋辽时代，几近变作八边形，方形者居极少数，如松江之兴圣教塔。间有作六边形者，如宋时天台山国清寺塔及开封相国寺（国相寺之误）繁塔。"[5] 受条件所限，鲍鼎先生无法掌握较全面的塔型资料，所以才说"宋辽时代，几尽变作八边形"，"间有作六边形者"。

《中国古代建筑史》也说，宋、辽、金时期"楼阁式砖塔的平面虽有方形、六边形、八边形三种，可是从北宋中期以后，八边形平面最多"。

傅熹年先生甚至说："五代、辽宋的楼阁式塔，却几乎都

---

[5]　鲍鼎：《唐宗塔之初步分析》，《中国营造学社汇刊》，2006 年 8 月第 1 版，第 6 卷第 4 期，第 6 页。

是八角形平面。"[6]遗憾的是，这些结论和说法并不确切。

事实上，真正意义上的楼阁式佛塔建筑物，最早应出现于宋、辽、金时期，各地现存佛塔中实在找不到"五代"时期建造的楼阁式佛塔实例。且佛塔的平面到底是方的多圆的多？是六边多还是八边多？本来是简单的调查统计问题。如河南现存的宋代楼阁式独立大塔（不计僧人墓塔），主要是六边形平面。

因为北宋的政治、经济、文化中心，是以河南为主的中原地区。宋代强势的建筑文化，必然从以河南为主的中原地区演进、成熟并扩张。今天，仅河南省域现存北宋初、早期的30座楼阁式砖塔中，六边形的砖塔就有21座。以北宋东京城的开封繁塔为首创，六边形楼阁式砖塔遍布今河南的尉氏、杞县、中牟、鄢陵、济源、睢县、邓州、新郑、延津等地。而且也和繁塔一样，塔身内外或多或少都要镶嵌佛像砖。所以，六边形楼阁式塔是肇始于东京开封城，受繁塔影响形成的中原地域特色（图69、图70、图71）。

两宋时期，不仅中原地区六边形楼阁式塔最多，即使在江、浙、赣也不乏六边形的宋代楼阁式砖木塔或纯砖塔。如天台国清寺塔、松阳延庆寺塔、余杭安乐塔、绍兴应天塔等等。江西现存的六边形佛塔更多，直到明代还在仿建六边形佛塔。只不过江、浙的楼阁式砖木塔的地域特征，不管四边形、八边形抑或六边形，多为砖木结构塔，利用木结构优点，把外檐、平座和副阶的外观建造得似木塔。翼角起翘更灵动，整体外观更接近木塔而已。

现今古建史界所言："北宋中期以后，八边形平面最

[6]　傅熹年主编：《中国古代建筑史》卷2，中国建筑工业出版社，2009年版，第540页。

十二　繁塔的古建史学意义

图 69　尉氏兴国寺塔佛砖　　　　　　图 70　尉氏六边形宋塔

图 71　繁塔佛砖

多"[7]，"几乎都是八角形平面"。这种错觉仅止看到苏、杭二州的宋塔都是八边形，而没有关注到其他地市的六边形佛塔有多少。若把全国现存楼阁式宋塔做一些统计，把河南和江、浙、沪、赣等省市的六边形楼阁式宋塔悉数统计在内，六边形宋塔和八边形宋塔，在数量上至少旗鼓相当。

必须注意，统计时不能把僧侣墓塔，把杭州闸口白塔、灵隐寺双石塔等混合计算在内。因为墓塔（构筑物）称不上建筑类佛塔，石雕塔只是单一材料的模型，不存在"内部构架形式"、不同建材应用和施工组织等问题。

应该承认，建于开宝七年（974）的繁塔，就是六边形楼阁式砖塔的祖型。这座北宋楼阁式砖塔，不仅不"残断"而是最完整、最原真、最独特、保留的历史文化信息最丰富的宋塔。只不过被舛误的文献云遮雾障，始终没有进入学界的法眼。

其二，繁塔是我国最早的楼阁式砖塔。

高校教材《中国古代建筑史》说："只有五代末至北宋初建造的苏州虎丘云岩寺塔，杭州雷峰塔（已毁）及灵隐寺双塔，闸口白塔等，才既是八角形平面，又具有楼阁式外观，可见这种塔是在五代时期发展起来的，而且很大可能是肇源于南方，进而影响到中原和北方。"[8]一句颇为含混的学术见解，模糊了关于楼阁式佛塔的建筑史学问题。

谁说"只有"苏州虎丘云岩寺塔和杭州闸口白塔等"才既是八角形平面，又具有楼阁式外观"？北宋东京城不单纯有六边形楼阁式繁塔，而且有我国最大的、层数最多的、唯一全部用釉面琉璃砖包砌的八边形楼阁式琉璃砖塔（铁塔）。铁塔

[7] 刘敦桢主编：《中国古代建筑史》，中国建筑工业出版社，1984年第2版，第220页。

[8] 刘敦桢主编：《中国古代建筑史》，中国建筑工业出版社，1984年第2版，第227页。

更是一座惟妙惟肖"仿木构"的楼阁式砖塔，而且，在北宋开封铁塔之前，我国从来还没有使用琉璃釉面砖镶饰的楼阁式砖塔。北宋东京城的这两座宋塔建筑，既有六边形又有八边形，既并驾齐驱又各树一帜，难道还不是这两座宋塔开创了宋、辽、金佛塔建造的"繁丽时期"？

怎能说虎丘塔、雷锋塔和闸口白塔石雕等，都一定是建造于五代时期？历史事实是，原雷峰塔建于北宋初期（977），而非"五代"时期。

即使按推测虎丘塔始建于后周显德六年（959），但基本可判定它不会在北宋建隆二年（962）建成竣工。如果非要强调虎丘塔"建于五代"，不可忘掉苏州在951年已属北方的后周。即使说虎丘塔建于"五代后周"，也不是"五代吴越"时期，何况工程量也基本是北宋完成的。

廓清南、北两宋古塔的史实后，中国仿楼阁式古塔是"五代时期发展起来的""肇源于南方，进而影响到中原和北方"的说法还成立吗？

在中国古建史上，不管隋唐无论五代，除了个别唐代的僧侣墓塔，还有比开封宋代繁塔更早的"仿楼阁式砖塔"吗？没有！它实实在在始建于974年。实事求是地说，建筑史界似乎还没找出在繁塔之前的第二座完整的、原真的、确切可靠的、纯砖砌筑的仿楼阁式佛塔的实例！

12.3 繁塔的施工工期有凭有据

中华人民共和国成立后，由于古建筑统归文物部门，建筑界游离于古建文物研究之外，"以历史文学，与技术相离之辽远。此两界殆始终不能相接触"[9]的惯性仍在。且古代绝无

---

[9] 朱启钤：《中国营造学社开会演词》，《中国营造学社汇刊》，1930年第1卷第1期，第2页。

今日的"城建档案"之制，故我国古建筑一般仍依据碑刻、方志、梁枋墨迹等信息，去大体推断始建年代和建造缘起。因此，欲准确或比较合理地把握开竣工时间，几无可能或鲜有实例。

比如，通行说法苏州虎丘塔三年内竣工。但是，按建筑施工组织考量，以它的山顶位置、规模体量、不凡构造，作业面局限以及雨季施工等条件，很难断定在没有大型机械情况下，三年时间就会建成虎丘塔。

另如山东长清的灵岩寺辟支塔，有人说："依据 1980 年济南市文化局黄国康等同志调查和塔内结构特征推断，应始建于北宋淳化五年（994），完成于嘉祐二年（1057），前后历时 63 年建成，大体可信。"[10]

但从建筑施工技术角度，笔者大胆判断"底边长 4.35 米，共 9 级通高 54 米"九层以上塔顶部位砖砌八角蘑菇形刹座，中间高耸木质塔心柱的辟支塔，除非每建一年间歇停工三五年，无论如何不会建 63 年！

因为，平均七年建一层，年均施工高度不及一米。这样的施工进度不是"大体可信"，而是完全不可信。很难想象，依据什么形式的"塔内结构特征"，能推断出一座 50 多米高的砖塔，需要造 63 年！所以说，"始建于北宋淳化五年（994），完成于嘉祐二年（1057）"的结论，应是仅凭不确切资料的猜想，是缺乏工程学支撑、不合乎"二重证据法"的推断。

再如河南修武县宋代胜果寺塔，八角九层 27 米高。《中原文化大典》"文物典"讲"胜果寺塔于宋绍圣三年（1090）九月动工，次年二月竣工"[11]，充其量六个月，中间又恰至春节

[10] 毕宝启：《忆灵岩寺辟支塔的维修》，载《春秋》2008 年第 1 期，第 43—44 页。

[11] 杜启明主编：《中原文化大典（文物典·建筑）》，中州古籍出版社，2008 年版，第 125 页。

前后隆冬季节，满打满算不足半年的工期。造个大一点的僧人墓塔尚可，以千年前的施工机具，这点时间造数层楼高的砖佛塔恐怕是不可能的。

今人论著中，类似臆断建塔起始年代和造塔工期的现象甚多。比如浙江天台国清寺塔，有的标称隋塔，有的视为南宋所建。再如原郑州开元寺塔，传为唐塔地宫发掘证实为宋塔。爱把传说当历史的陋习，使人往往将史志中的寺院始创年代，与造塔时间混作一起。特别是在脱离了当时的社会生产力与实际工程量的情况下，仅凭文献很难掐准工期。但是，开封繁塔的施工过程与纪年，具备无可置疑的证据，这种现象在我国古建筑史里，也是难得的范例。

第一，必须说明繁塔的构造是用普通青砖砌筑的塔身主体和小塔，塔身内外墙面镶满了佛像砖。很明显，造塔时要首先完成主体砌筑工程，主体砌完后方可镶嵌佛像砖。也就是相当于房屋工程的混水墙构造工艺。

第二，因为地宫铭石有确切记载，证明繁塔是开宝七年（974）开工。

第三，在一层十米多高的东西两侧蹬道里，各有一块太平兴国七年（982）正月五日和壬午年（982）二月五日纪年的额石（图72、图73）。这两块额石就是蹬道的过梁，它们所处高度就是当时（太平兴国七年）施工到的具体位置。从而知道动工后第八年的年初，建成第一层十米高的主体，是毋庸置疑的。

第四，在二层的北佛洞里，有块记载了信众赵志文在淳化元年（990）捐了一块蹬道额石的捐施碑。这说明到淳化元年繁塔施工还在进行，但是施工到什么程度呢？

我们已知，从塔基到太平兴国七年（982）繁塔8年时间建到10米（第一层高11.7米，不含基础），到淳化元年（990）

图 72　东蹬道
太平兴国七年
额石

图 73　西蹬道
壬午年额石

153

又是 8 年时间左右，这 8 年里的施工量应是第二、第三两层，而第二、第三两层的高度合计 11.4 米，这两层的工程总量又大体相当于第一层 10 米高的工程量。这说明，第二个 8 年的时间内，应当建到第三层上部（小塔工程量很小）。也就是说三层塔身的主体工程到淳化元年（990）基本建完。

第五，当三层塔身主体建完后，余下的工作量就是建小塔和镶贴佛砖。小塔的工作量很小，主要工程量就是按"磨砖对缝"工艺，精心细致地镶嵌佛砖以及木构等尾工。

小塔砌砖和镶砖会一遍净，塔身镶嵌佛砖由第三层向下逐层施工（当然，每一层仍自下而上镶嵌）。今天，我们可以在第一层外墙的 3 米左右，看到一块刻写着"咸平县郭下百姓顾典施"的佛砖（图 74）。这块刻字的佛砖，有着"纪年"作用的标志性意义，能给出繁塔竣工时间的证据。

为什么这么说呢？因为塔内蹬道上凡是通许人捐施的额石，发愿文刻录的都是"通许镇某"。这块额石捐施者顾典，刻写着"咸平县郭下百姓"，这证明镶嵌这块佛砖的时间，应当是宋真宗将通许镇改为咸平县后不久，即咸平年间（998—1004）。这时，镶嵌佛砖已进入收尾阶段。所以，繁塔大约应在公元 1000 年前后的咸平年间建成，整体工期共约二十五六年的时间。

因此，繁塔的施工进度、位置、时间，每一过程都有实实在在的塔身物证。这些物证既和工程量匹配，又具备确切的证据。像繁塔这样本身有实物证据，把开工日期、基本竣工时间，都能研究清楚的案例也非常少见。

12.4 繁塔的总造价也可大体测知

中国古塔，除有笼统的文献记载，很少能对总造价测算。但繁塔结合捐施碑刻和佛砖墨迹，就能大体上推算出可信的工

图74 "咸平县郭下百姓顾典施"佛砖

程造价。

　　因为，在繁塔二层的北佛洞镶嵌着16块捐施碑，将信众捐施的银钱、财物，参加"修塔会"的人名记载的很清楚。6925块佛砖和捐施的155块额石中，都镌刻有捐施人的名姓和数量，说明佛砖与额石都是捐施的。特别是额石中，有一块刻写"徐勋为亡父施石一片，愿离苦生天，兼阖家四十一口，施佛五十一尊，计钱一十七贯八百文，各愿增延福寿"的文字（图75），它提供了一个建筑材料的综合物价，为推算总造价提供了可能性。

图75 建材价格参证额石

这块捐施额石的刻字，是宋代物价、经济研究中珍贵的、罕有的直接物证。它也直接提供了推算出繁塔工程造价可信依据。

为什么说繁塔的总造价可大体测知？有以下几个前提条件。

一是所用建材明确，无非额石、佛像砖、普通砖、白灰和少许门窗、楼板木材。额石、佛像砖有确切数量，而且有的靠捐施，通过徐勋额石提供的"综合物价"，按材料比价确定单价，根据砌体总量即知相应价值。

二是人工费可忽略不计。为什么呢？二层北佛洞完整地记录了三百多人组织的各种"修塔会"名单。"修塔会"人员远近不一，远者约 300 里，只写名单不计捐钱，这又为什么？明显是作"义工"出力修塔。加上寺院僧人 450 多人，除了高级的老匠人，人工费寺院不会再负担。

因繁塔的一块额石和 51 块佛砖，合计共 17 贯 800 文钱，依据这个综合价并结合额石、佛砖、普通砖之性价比，我们先推示出这些建材的单价。我们假设，一片额石 1 贯（1000 文）。则"51 块佛砖"就是"16 贯 800 文钱"，每块佛砖大约 322 文。考虑到佛砖是工艺品，价格远高于普通砖，若按每块佛砖等于 50 块普通砖，则每块普通砖约 15 文钱。也就是，根据额石、佛像砖、普通青砖的性价比，在一块额石为 1000 文（1 贯钱）的情况下，设每块额石相当于 3 块佛砖，则每块佛砖大约 322 文。若设每块佛砖相当于 20 块普通砖，每块青砖大约 15 文。则据以推算：

三层塔身砌体总计 7000 立方（实方），需银 26500 两。

官民捐施的银钱，经捐施碑文账目统计银 2650 两。

僧俗信众捐施额石和佛砖的价值，约 2400 到 2500 两银。

人工费依靠 450 多僧人和 300 多人组织的各种"修塔会"做义工。（匠师技工需要支付工钱，但在总额中不会大）

繁塔总造价 3 万余两（贯）钱，尚缺约 24000 两银左右。

这个造价测算合适吗？据河南大学程民生教授《宋代物价研究》所载："政和三年（1114），历时 13 年的赵州高邑县乾明院佛塔落成，'高二十余寻，分为十层七檐，当中花座，用砖六十万，周回道舍，珉柱良材，规模轮奂，费钱二万余缗'。这座 10 级砖塔高 16 丈余，造价是 2 万余贯。以上北宋时期高塔的造价，少者 1000 贯，多者 30 万贯。"[12] 用程民生教授列举的资料和繁塔比对，则知乾明院佛塔工程量小很多，也需 2

[12] 程民生：《宋代物价研究》，人民出版社，2008 年版，第 99 页。

万余贯（两银），北宋末政和年间物价当然会高数倍，但经济总量应比宋初大很多，故繁塔宋初的总造价 3 万余两（贯）钱应接近实际。

由以上分析可知，繁塔将碑、石、佛砖、信众捐施和修塔会劳力，记载的很清楚，民间钱物仅占所需的十分之一，主要资金还是靠四五百人的寺院筹措的。所以，现在一般认为繁塔纯粹是民间捐建是不对的。但是，24000 两银左右的资金缺口，即使 450 个僧人在约 30 年中不断化缘，相当于每人每年平均也需 2 两（即 2 贯）银，是相当困难的。

有没有宋皇室拨银"公助"呢？没有依据就不得而知。但据《宋史·太祖本纪二》载，乾德四年（966）三月"癸未，僧行勤等一百五十七人，各赐钱三万（三十贯），游西域"[13]。又夏四月"丁巳进士李蔼坐毁释氏，辞不逊，黥杖，配沙门岛"[14]。宋太祖对佛教尊崇有加，对释氏不敬者则严惩不贷。另据《北宋佛教大事记》载，"建隆四年（963），诏天清寺沙门崇蕴入内讲演……"[15]这些说明，天清寺僧人和宋皇室交集颇多，同时到皇宫讲经的沙门崇蕴，亦与繁塔铭石中称"崇明""蕴光""师弟方蕴"的其他僧人，似有师承渊源。可见，北宋初太祖极可能对寺院造塔知之甚详，有所眷顾在情理之中。

除了纳土称臣的平海军节度使陈洪进等，以"倾心特舍于中金。伏愿舜德巍巍"的捐资行动，诚惶诚恐地表忠。老百姓们对捐施更趋之若鹜，若皇室也略施援手，顺利建成宋东京四大寺院的第一座佛塔没有问题。

---

[13]〔元〕脱脱等：《宋史》卷2《太祖纪二》，中华书局，1985 年版，第99页。

[14]〔元〕脱脱等：《宋史》卷2《太祖纪二》，中华书局，1985 年版，第99页。

[15]〔元〕志磐撰、释道法校注：《佛祖统纪校注》，上海古籍出版社，2012 年，第 1019 页。

12.5 应重视繁塔的古建史定位问题

宋朝在政治、经济、文化、建筑、科技诸多方面都达到了中国封建社会的巅峰，其成就超过了之前的隋唐和之后的明清。应当说两宋300余年，给后世留下的文化遗产最多、最丰厚、最全面、最优秀。

所以学界也公认，宋代的楼阁式塔"历代沿用之数最多，是我国佛塔中的主流"。而且"现存的实例，也以宋代最多，元代以后渐少，但从各种塔的绝对数量看，仍居首位"[16]。可以讲，研究宋代楼阁式塔的实物资料相当充分，研究成果也应当比较确切可信。

第一，由于学界多依赖错讹混杂的文献和世俗传说（经地宫发掘考古者除外），判断塔类古建的历史，对宋代东京城现存的宋代楼阁式繁塔始终没有正确认知。应当认识到，河南才是北宋时期的政治、经济、文化中心，也是强势建筑文化的发源地。现存宋、辽、金时期的宋塔数量最大，品种最多，构造最典型。中国佛塔的"繁丽时期"，是以河南为主开创并影响其他地区的。北宋之前，中国从来没有建造过高大的楼阁式砖塔，遑论六边形楼阁式砖塔。

第二，河北易县曾有过一座三层的楼阁式千佛塔，可惜毁于抗日战争中。故繁塔是中国现存唯一的三层五檐的楼阁式砖塔。而且它有着独特的结构体系，比如对称的壁内蹬道。塔身设计具有标志性的古建史学意义。

第三，中国的各种古代建筑，有墙面粉刷或壁画修饰，有木结构彩绘美化，有砖石雕刻或脊吻走兽装饰。而除了楼阁式砖塔，中国古塔都没有现代意义上的装修程序。开封繁塔，就

---

[16] 潘谷西主编：《中国建筑史》，中国建筑工业出版社，2004年1月第5版，第165页。

是塔身内外全部用佛砖"装修"起来的首例。它利用纯砖塔可以进行二次装修的优势，突出彰显佛教建筑的特色。且不说佛砖磨砖对缝，镶嵌工艺精到细致，更有学术性意义的是，只有这种做法，才和著名的北魏石雕塔柱、北齐曹天度千佛石塔的形象一致。

应当看到镶嵌佛像砖的工艺，绝非繁塔建造师心血来潮的个例，是繁塔承前启后，开创了开封铁塔、千佛塔、万佛塔等形式。

第四，尽管我国古塔甚多，但未经结构性大修、保有原汁原味历史信息者极少。开封繁塔，千年来的修葺扰动最少，它的原真性最高，还拥有北宋碑刻、铭石200余块。附着于塔身上的宋、金、元、明、清、民国以及日本明治年的刻录、墨写的纪年信息，人名、地名、官职、职业、身份比比皆是。一塔萃聚众多、重大史学资料者，繁塔也首屈一指。

第五，繁塔的体量最大，底面积500余平方米，砖砌体超8790立方米。最大的塔心室达57平方米，有如此硕大体量的独立礼佛活动空间，在中国佛塔里无疑是难得一见的。

第六，特别是一、二层塔心室上下贯通，如经考证确为安置高越两层的"顶天立地佛"殿堂模式，这应是古建史上别开生面的课题。

以上并非笔者妄言自诩。不比不知道，一比吓一跳。研究者不妨将繁塔纳入中国古塔分类体系稍作梳理，与国内其他佛塔比对，上述每一条都会不辩自明。笔者坚信，假以时日上述史实一定会得到公认。

十三

精美的佛像砖及其绝妙工艺

繁塔塔身内外，镶嵌佛砖6920多块，佛仙有释迦牟尼、文殊、准提、达摩、十六罗汉、乐伎等近百种。仰观塔身如万佛临世，佛光普照，内拜佛洞如群仙簇拥，仙乐萦绕。用这种方式装点塔身，在中国古塔中是首创之举，更珍贵的是佛像造形雍容华贵，块块是美轮美奂的工艺品。

13.1 细致的两道工序制作工艺

带有浮雕的陶砖一般只有两种，第一种是把烧制好的优质陶砖，用雕刻工艺制作佛雕，像石雕、木雕一样做"减法"的雕刻，即在硬质材料上制作出艺术形象。第二种，是把可塑软质（或流质材料），以模具成形后硬化（或固化），比如汉画像砖（或石膏模型）。

而仔细观察繁塔的宋代佛像砖，明显经两道工序制作而成。先以木模塑制成坯，阴半干后，再对佛像砖坯加一道雕坯的工序。因此，繁塔佛像砖口、眼、鼻、手纹、衣饰线条，精细逼真，线条优美，肌肉极富质感。

有些看似手印、姿态雷同的佛像，不仅形象逼真而且透过面目和眼神，透露出表情的差异，体现出匠心独运及精湛的工艺（图76、图77）。

13.2 独特的一砖两种陶泥和精细的磨砖对缝工艺

宋代的佛砖不仅制作工艺精湛，其陶土的质地亦非同一般。我国秦砖汉瓦由来久矣，但汉画像砖、历代瓦当、砖雕构件，即便陶坯精良细腻，绝无两种质地的陶泥，共同用来制作同一块陶坯。但繁塔佛砖恰恰如此，为使佛像更为精美，佛砖制作时外表皮采用一种细腻的瓷土泥（图78）。佛砖的佛像和砖体一次成型，即便毁损也不致脱落。而明代的佛砖是将佛像单独制作，二次粘贴于砖体，佛像极易脱离砖体。

繁塔之佛砖不仅制作精美、质地优良，而且镶满（而非零星镶嵌）塔身内外，镶嵌施工，采用磨砖对缝工艺，砖面平整，砖块之间密无缝隙（图79）。

反观明代的佛砖粗制滥造、工艺低劣（图80），显然是由于金、元两代的社会动乱，极大损害生产力所致。

通体镶嵌佛砖的宋代繁塔，仰观如万佛临世佛光普照，内拜如群仙簇拥仙乐萦绕，原真地保留至今实属不易。现存6920多块佛砖中，5500多块仍然是宋代的原件，块块均曾题写捐施人名字，至今清晰可见的不止上千，传达出捐施人身份、家族、发愿等真实的信息，这在我国古塔建筑中是少有的奇迹。

13.3 佛砖的保护措施及启迪

毫不夸张地说，由于对繁塔本身的由来已久的错误认知，使我们不够珍惜宋代佛砖的文物价值，更疏于有效地保护。繁塔留存千年，清道光以后寺院渐趋废弃，直至20世纪60年代才纳入文物管理。现存5000多块宋代佛像砖，已历经千年，虽然不少已经残损，但还能欣赏到宋代原汁原味的工艺，主要由于宋代佛砖质量上乘，结构利于干燥通风。同时危险的内攀外沿登塔方式，使二层的塔心室和北佛洞人员少至。也得益于历代僧人出于礼佛之举，不止一次地对佛砖"涂彩"，起了很大的保护作用。而失去"涂彩"的佛砖，损坏就明显相对严重（图81）。

今天，为了更好保持佛砖的原貌，不允许我们用古代僧人"涂彩"的做法再涂抹佛砖。但是，听之任之会让佛砖上的宋代字迹越来越看不见，佛砖也会继续漫漶。是否需要研究一种

图 76 地藏王菩萨

图 77 六臂观音佛砖

图 78　佛砖外皮罩层白色瓷土泥

图 79　精美磨砖对缝的宋代佛砖

图 80　低劣的明代佛砖

透明的、起永久保护作用的涂料保护佛砖？值得深入探讨。

要知道繁塔佛砖，作为特殊文物有着重大文化价值。比如，繁塔里有很多"行脚僧"形象的佛像砖。过去人们说它是"唐僧"，实际上完全不对，看看它那高鼻、深目、厚唇的形象，就知道这位"行脚僧"是位西域僧人。他为文化交流而来，证明北宋时期的开封和历史上的"一带一路"息息相关。东京城里经常来往很多西域僧人，工匠们才可能准确刻画出外籍人形象。

而且，过去人们总认为行脚僧前面悬挂的是"照明"的油灯，其实也不对，因为油灯是不能悬挂面前边走边摇摆的。仔细看看繁塔佛像砖的这个图像，那实际是冒烟的"香炉"，行脚僧似乎"手不释卷"，行路也不忘记念经。特别是行脚僧面前跋山涉水的画面中，有个罕见的"美人鱼"形象（图82），看起来是个小细节，实际上从中可以体会到繁塔佛砖具有很大的文化和艺术价值。

另外，1983年的维修应是明代以来的首次，但有的维修措施值得商榷。

第一，不应该封堵一层塔心室叠涩上部的六边形孔洞，这样做就把二层塔心室与底层的关系切断（图83），等于完全改变了宋代原设计意图，使二层的塔心室成为封闭空间，致其"佛殿"建筑的功能被掩盖。

第二，切断了一、二层"通风透气"的循环渠道，也使一层塔心室形成封闭的"窑洞"，空气流通不畅。空间密闭最不利陶土佛砖保持干燥，每当雨季湿度增高，陶土砖更易受损（图84）。

第三，我们除了做一些简单的、常规的塔身维护外，并未对这些珍贵的佛砖做有效的特殊保护处理。长此以往，第

图 81 漫漶严
重与粉刷起到
保护作用对比

图 82 美人鱼
形象

171

一、二层塔心室之间的暗层（藏经洞）

原始六边形洞

图83 一层和二层叠涩被封闭隔断

图84 一层塔心室封闭后潮解加快

一、二塔心室内的佛砖受损程度会更加严重，佛像砖寿命期限可虞，后人将很难再欣赏到这些传承上千年的精美佛砖的真容了。所以，除了对塔身合理的维修，加强保护，我们更应该采取现代科技手段，积极主动地加强佛砖技术保护措施。

13.4 佛砖的制作工艺与艺术价值的发掘

中国的古塔成百上千，但非常完整保存下来的也很罕有。这座宋代都城的佛塔鲜有的原真性，揭示出宋代文化艺术的繁盛和社会的昌明。正如宋代流传下来的《清明上河图》，它用丹青描绘了北宋东京城的盛景。而繁塔是用精美佛砖装点、青砖白灰砌筑的建筑，展示了眼见为实的北宋之繁荣。如何发掘出其学术价值，是宋文化研究的必用之功。

繁塔除了有 1400 余块明代佛砖，尚保存有 5500 多块宋代的精美佛砖。对于这样珍贵、精到的佛砖文物，除了如何发掘、利用其旅游经济价值外，其在雕塑艺术史与雕塑技艺传承和发扬方面，更是难得的实物（图 85）。

比如说，下面这块佛砖是"砖雕"（图 86）还是"陶塑"？佛像的右手中指轻点面颊而"空悬"，这是如何脱模制作的？若是"陶塑"，圆润的手臂和身躯之间的"空隙"（图 87）又是如何形成的？这种值得琢磨的制作工艺，绝非仅仅是形象逼真而已。

总之，亟待矫正对繁塔的错误认知，提高繁塔身价的评判体系，加强对繁塔的文物保护，科学制定开发规划，把它摆到真正的"古建筑类国家级文保单位"地位上，强化保护、研究、宣传以利更恰如其分地传承下去。

图 85　六臂佛侧面照

图 86 四臂佛正面照

图 87　四臂佛侧面局部

十四

繁塔从来不比铁塔高

1983 年发掘到繁塔地宫铭石，记载有宋代僧人发愿要建塔"高二百四十尺"的文字。[1] 按米来折算，则 240 宋尺大约相当于 73 米。与繁塔实际 36.7 米（120 尺）高度相比，恰为一倍。这个"佐证"数据，更提振了持繁塔残断说论者的信心。是否可以据此认定宋代繁塔的高度确为 74 米呢？当然不是。

14.1 地宫铭石并不能证明繁塔的原来高度就是 70 多米

图 88 地宫碑刻拓片

有论者用地宫铭石 240 尺高度的数据（图 88），与 55.1 米（折算 180 尺）高的现铁塔作比较。认为能让"这比开封宋代开宝寺塔（铁塔）几乎要高出三分之一"[2] 的说法无懈可击。自诩给"铁塔高，铁塔高，铁塔只达繁塔腰"这句传承已久的民谣提供了旁证凭据。

但是，用现今每宋尺 0.31 米的理论数据，去推算 240 尺的"九层"繁塔应该高 73 米，并不符合客观事实。因为从建筑学设计原理

---

［1］［2］ 王瑞安、魏千志：《开封宋代繁塔》，《中国历史博物馆馆刊》，1986 年第 8 期，第 17、38—44 页。

去验证，宋代繁塔无论如何也建不到七八十米。

验证一，据1984年的繁塔实测图，一层高11.74米，二层高7.22米，三层高4.21米，共计23.17米。假设把上六层的高度，用第三层高度类比，只考虑按规制每层最少均降0.3米。那么，六层计为（4.21-0.3）+（3.91-0.3）+（3.61-0.3）+（3.31-0.3）+（3.01-0.3）+（2.71-0.3）=18.96米。就是说，"九层"的繁塔正身也不过23.17+18.96=42.13米，上部"塔顶"必是六边形"攒尖"顶，充其量再加高10米，总计也不过52米，还是低于铁塔的55米。即使上面六层不折减，每层都按第三层的4.21米，六层也仅是25.26米，即：11.74米+7.22米+4.21米+4.21米×6=48.43+10米=58.43米。就是说，即使把繁塔按照下部的模式再叠加上六层，也不会高于铁塔三分之一。这说明什么？说明繁塔曾比铁塔高很多，完全是基于繁塔"铲断"传说的假想。

验证二，河南大学李合群教授作了另一种测算，"现在塔第一层11.7米，第二层和第三层合计高11.4米。从第四层开始，每两层之和均按11.4米，则九层塔高约为11.7+11.4×4=57.3米"。故他指出铭石的"二百四十尺"说法，"可能有所夸张"，并"不是实有高度"。

验证三，除非拆除现有第三层，把第二层到第九层全部改造成7.22米高，则：11.74米+11.22×8=69.5米+小塔才可能超70米，但这又怎么可能呢？

可见，尽管繁塔有高240尺的物证，碑刻有"九层宝塔"的文字。即便按上面"六层"都一致的楼阁式塔型考虑，无论如何也建不到73米高。

14.2 自古就有铁塔高达360尺的说法

开封民谣说的"铁塔高，铁塔高，铁塔只达繁塔腰"，意思是"假设"繁塔不毁断，现今 55 米的铁塔，就比曾经高 74 米的繁塔低很多。

问题是，如果宋代的繁塔确实是 73 米，这个民谣当然是历史的写照。但是现 36 米的繁塔就是宋代的原型，仅仅是因地宫铭石把实际 120 尺（36 米）的繁塔夸大为"240 尺"而已。正如历代古人不是也把 55 米（180 尺）的铁塔，夸大成 360 尺的吗？因为从宋到清把铁塔夸大为高 360 尺，历来都有案可查。

众所周知，铁塔在宋代称为开宝寺塔，明代改称祐国寺塔。或不具塔名，直接讲"铁色琉璃塔，八角十三层"。关于开宝寺塔或铁色琉璃塔高 360 尺的说法，由宋至清不绝于史。让我们来看看都有哪些关于铁塔的历史文献。

其一，《宋史》卷四《太宗本纪》载端拱二年（989）"癸亥，诏作开宝寺舍利塔成"[3]。

其二，欧阳修嘉祐元年（1056）写的《归田录》说："开宝寺塔，在京师诸塔中最高，而制度甚精，都料匠喻浩所造也。塔初成，望之不正，而势倾西北。人怪而问之，浩曰：'京师地无平山而多西北风，吹之不百年，当正之。'其用心也精如此，国朝以来木工，一人而已。至今木工皆以喻为法。有《木经》三卷行于世。世传浩唯一女，每卧手接构状如此逾年，撰成《木经》三卷，今行于世者是也。"[4]

其三，北宋末的王襄在其《辋轩杂录》中说"端拱中，造开宝寺塔藏佛舍利，高三百六十尺，费亿万计，逾八年始成"[5]。

其四，宋亡后，周密著《癸辛杂识》说"光教寺，在汴城

[3]〔元〕脱脱等：《宋史》卷 5《太宗本纪二》，中华书局，1977 年版，第 84 页。
[4]〔宋〕欧阳修：《归田录》，三秦出版社，2003 年版，第 2 页，
[5]〔宋〕王襄：《辋轩杂录》，载于〔清〕周城《宋东京考》卷 14《寺》，第 255 页。

东北角，俗称上方寺，有琉璃塔十三层"[6]。

其五，明李濂的《汴京遗迹志》记载："宋仁宗庆历中开宝寺灵感塔毁，乃于上方院建铁色琉璃砖塔，八角十三层，高三百六十尺。"[7]

其六，明末的《如梦录》说"有八角琉璃塔，一十三级，上立宝瓶，高丈余。宋时，浙人喻浩与丹青郭忠怒按图同修"。

其七，清初周城的《宋东京考》有两条记载。一是称"庆历中，开宝寺灵感塔毁，乃于上方院建铁色琉璃砖塔，八角十三层，高三百六十尺，改曰上方寺，俗称铁塔寺"[8]。二是称"太宗时木工喻浩有巧思，超绝流辈，遂令造塔，八角十三层，高三百六十尺"[9]。

对以上林林总总的文献，应当剥茧抽丝理出头绪。

一是宋末周密的《癸辛杂识》说"光教寺，在汴城东北角，俗称上方寺，有琉璃塔十三层"[10]。虽然他未谈及十三层的琉璃塔高多少，但对"这座砖塔"的形状和材料，作了针对性的系统说明。

周密指认的十三层琉璃塔，明显就是现存俗称的铁塔。他不再含混地称开宝寺塔，避免了与《宋史》端拱二年（1989）建成"开宝寺塔"的称谓，以及欧阳修和王襄说的"开宝寺塔"的概念搅和不清。

二是北宋末的王襄最早说"开宝寺塔"高三百六十尺。

三是明代李濂的《汴京遗迹志》记载："宋仁宗庆历中开

[6]〔宋〕周密：《癸辛杂识》别集上《汴梁杂事》，中华书局，1988年版，第218页。
[7]〔明〕李濂纂，周宝珠、程民生点校：《汴京遗迹志》卷10《寺观》，中华书局，1999年版，第155页。
[8]〔清〕周城：《宋东京考》卷14《寺》，中华书局，1988年版，第253页。
[9]〔清〕周城：《宋东京考》卷14《寺》，中华书局，1988年版，第254页。
[10]〔宋〕周密：《癸辛杂识》别集上《汴梁杂事》，中华书局，1988年版，第218页。

宝寺灵感塔毁，乃于上方院建铁色琉璃砖塔，八角十三层，高三百六十尺。"[11]这位明代的开封名士，归纳梳理了前人的史料，做了一个清楚的交代。

开宝寺的灵感（木）塔，是在宋仁宗庆历年间烧毁，后又重建了一座铁色琉璃砖塔（即现铁塔）。铁色琉璃砖塔是什么规制呢？"八角十三层，高三百六十尺"。李濂为了将开宝寺的"灵感塔"与现存"铁色琉璃砖塔"（铁塔）的关系厘清，将建塔时间和塔身材料、形状、色彩、层级、高度等，表达得最为详尽。

笔者虽然不谙研史，但相信研究宋代汴京遗迹的李濂，不一定比今天的研史者差。李濂梳理了各种前人之说，明确认定八角十三层的铁色琉璃砖塔"高三百六十尺"。按相应的尺寸换算，"高三百六十尺"的铁色琉璃砖塔应该111.5米。试问，李濂怎么会将180尺（55米）的铁塔，说成是"高三百六十尺"？难道他一点尺度感也没有，瞪着双眼瞎说吗？

清末常茂徕的《铁塔寺记》十分认可李濂的说法，也直截了当地写道"铁塔八棱十三级，高三百六十尺"[12]。清初周城的《宋东京考》只是照录前人成说，关于铁塔他抄录了两条史料。一条照抄李濂的说法，另一条将太宗时"喻浩造塔"写成糊涂账。

综上，从前人的记载中我们可以获得以下信息：

第一，欧阳修说的"开宝寺塔"最高是实录，而所写喻浩造"灵感木塔"的传说属语怪。

第二，不管叫开宝寺塔，或者直接称铁色琉璃塔，从宋代

---

[11]〔明〕李濂纂，周宝珠、程民生点校：《汴京遗迹志》卷10《寺观》，中华书局，1999年版，第155页。

[12] 常茂徕：《铁塔寺记》，〔清〕刘树堂等修，（光绪）《祥符县志》卷十三，第29页。

的王襄、明代的李濂、清代的周成和常茂徕都有"高三百六十尺"之说。特别是宋仁宗庆历中建造的"铁色琉璃砖塔，八角十三层，高三百六十尺"的说法，几百年从未有人提出过质疑。谁人能说，铁塔高360尺毫无文献依据呢？

而认为只有烧掉的"灵感木塔"才高三百六十尺，与铁色琉璃塔（铁塔）的高度无关，有悖明、清文人研史结论的原意，是今人的"新发现""新说法"。

第三，虽然1983年取得了繁塔高240尺的文字物证，但不等于能抹杀铁塔高360尺的确凿史料依据。

很明显，铭石记载繁塔高240尺的数据，比繁塔的实际高度36.68米（120尺）一倍多。而古人说铁塔高360尺的史料，比铁塔实际的55.1米（180尺）也是多一倍，这何其相似！这岂止是巧合？繁塔的史据尺度，比实际高一倍，而铁塔的史料尺度，也比实际尺度高一倍。这说明，把有神圣地位的建筑高度有意夸大，是宋代的某种习惯。

14.3 关于开宝寺塔的史料究竟是什么意思

《宋史》卷四《太宗本纪》载，端拱二年（989）"癸亥，诏作开宝寺舍利塔成"。作为正史，它无疑证明在端拱二年（989）的八月，宋太宗下诏建造的开宝寺塔竣工了。但这座开宝寺塔是什么材质呢？还不好骤下断言。结合庆历四年（1044）宋人余靖《上仁宗乞罢迎开宝寺塔舍利》的奏议"臣伏见开宝寺塔为天火所烧……其开宝寺舍利塔，伏乞指挥更不营造"可知，被烧毁的佛塔无疑是座木塔。但什么形状、多少高度仍不得而知。

欧阳修生于景德四年（1007），于天圣七年（1029）赴京科举连中三元；景祐元年（1034）由洛阳回汴；景祐三年（1036）被贬，康定元年（1040）又回开封；庆历三年（1043）

再次被贬，皇祐元年（1049）又回京城做官，直至熙宁二年（1069）以知蔡州离开东京城。

生于景德四年（1007）的欧阳修，不会直接了解端拱二年（989）以前建造木结构"开宝寺塔"具体情况。那些喻浩造塔故意建斜留待吹正，其女儿一年写出《木经》的文字，是以"语怪"的惯例编辑入书。

宦途轨迹和开封交集不断的欧阳修应见过繁塔，康定二年（1041）回调开封的欧阳修，或许会耳闻目睹木塔焚毁的事。也许目睹过皇祐元年（1049）始建的"开宝寺塔"（八角十三层之铁色琉璃塔）的建造过程。

因此，只有他最有资格，对两种材质的开宝寺塔及繁塔的高度，作眼见为实的可信比对。欧阳修在嘉祐元年（1056）写《归田录》时，其人还在开封。他讲的"开宝寺塔，在京师诸塔中最高"这句话，也包括比繁塔高，文中的"开宝寺塔"是说木质舍利塔还是指重建的琉璃砖开宝寺塔？

按照《归田录》中"制度甚精，都料匠喻浩所造也"的文字，似乎是指木质的开宝寺舍利塔而言。但随后的"塔初成，望之不正，而势倾西北。人怪而问之，浩曰：'京师地无平山而多西北风，吹之不百年，当正之。'其用心也精如此，国朝以来木工，一人而已。至今木工皆以喻为法。有《木经》三卷行于世。世传浩唯一女，每卧手接构状如此逾年，撰成《木经》三卷"这段文字，显然是以市井无稽之谈凑趣。

因为，任何木结构建筑，若建造时故意倾斜，若指望被风吹正，"卯榫"必将松动。休言留待百年，勿需多年必将被风吹塌。况且以宋代技术手段（无精密测量仪器），360尺（折合111.6米）高的木塔，匠师想建得丝毫不歪也办不到。所以，若曾有座360尺木质开宝寺塔，是故意建斜的，即使不焚毁也必被吹塌。用这种反科学的建筑措施，衬托喻浩技艺高明，简直荒谬之极。

这种开玩笑的佐料，甚至传染给今天一些书籍。据《中原文化大典》载，河南原阳的北宋玲珑塔高 47 米。现"塔身明显向东北方向倾斜……民间传说，这座塔的方位正处于风口地带，为了抵御东北风，当时的能工巧匠故意使塔往东北方向倾斜"[13]，砖塔倾斜也能靠风力来吹正，简直不可思议。

类似欧阳修的这类文字，在宋代笔记文中不乏其例。今天不妨将其当作旅游噱头，严谨的学者不会将其视作信史。

如果欧阳修所讲的开宝寺塔是指木塔，他写《归田录》15 年前就焚毁不存，再用它和京城诸塔（包括繁塔）作高度比较有何意义？恰恰是重建的开宝寺塔（铁塔），高 55 米（折合 180 尺），比 36.7 米（折合 120 尺）的繁塔高，故写道"开宝寺塔，在京师诸塔中最高"才是欧阳修亲见的事实。

北宋末人王襄在其《犉轩杂录》中说"端拱中，造开宝寺塔藏佛舍利，高三百六十尺，费亿万计，逾八年始成"。这是最早记载开宝寺塔，高"三百六十尺"的文字。100 多年后的王襄，不像欧阳修能了解宋东京诸塔的早期情况，他却将开工时间、塔身高度、花费银钱、建了 8 年等细节说得明确具体。他怎么知道得如此详尽？肯定来自口口相传或者搜集资料编撰的。

王襄这段文字造成的混乱，是"端拱中"三个字。《宋史》载"癸亥，诏作开宝寺舍利塔成"，是说宋太宗下诏建造的开宝寺塔，在端拱二年（989）的八月竣工。并没说哪一年开工。而王襄说开宝寺塔在"端拱中，造开宝寺塔"是开工时间，建

---

[13] 杜启明主编:《中原文化大典（文物典·建筑）》，中州古籍出版社，2008 年 4 月版，169 页。

了八年后（997）竣工。

将王襄说的"端拱中"解读为开工时间，不是指端拱二年（989）竣工的木质开宝寺塔，因为端拱二年（989）喻浩去世，喻浩不可能死而复生再干8年。更不贴合铁塔（开宝寺塔）的开工时间。

问题出在哪里？当年王襄远在江南，铁塔已经傲立百年多。烧掉的木塔销踪匿迹的时间更长。生活在当时、当地的欧阳修，尚且对喻浩造木塔的"事迹"道听途说，王襄怎么可能对久违宋人视听的木塔"高三百六十尺"，何时建成等了如指掌？对实际存在的铁塔一字不提？显然有悖常理。

近代古建筑大师林徽因说过"尽信史，不如无史"，如果选择性解史更不如无史。笔者认为，《辖轩杂录》的"端拱中"应是宋仁宗"庆历中"之误。建造的"开宝寺塔"是指后建的铁色琉璃塔才是史实。

而且若建造高三百六十尺（折合111.6米）的木塔，仅用8年时间建成，笔者敢说肯定不行。它比山西应县60多米的木塔，几乎高出一倍。应县木塔直径30多米，100多米的木塔直径几何？木塔不像砖塔，高细比不够，是抗不住风力肆虐的。脱离工程学原理靠幻想，木塔是建不起来的，更别提那"故意建歪"经百年会吹正的无稽之谈。

古往今来，任何建筑工程都有合理工期，当工期脱离施工条件和工程量实际，都是不可能的空谈。比如《河南文物志》载，修武胜果寺塔平面呈八角形，为九层楼阁式砖塔，高27.26米。"始建于宋绍圣三年，绍圣四年二月竣工。"[14]农历的正月、二月时值隆冬，实际早在宋绍圣三年入冬前必会停工。相当于绍圣三年数月内竣工，按合理工期似不大可能。

[14]　河南文物局编：《河南文物志》上卷，文物出版社，2009年版，292页。

有学者称，铁塔的"结构是继承灵感木塔的，却没有再达到原先的高度"[15]。这句话有两层含义：铁塔55.1米，折合仅180尺，所以，史籍中开宝寺塔"360尺"的高度与铁塔毫无关系。说铁塔结构继承了木塔，即反推木塔也是八角十三层。由此得出结论，只有木塔才高360尺。

殊不知，木塔和砖塔的结构根本不同，二者不存在什么继承关系。砖塔层高不受砖块大小局限，木塔层高却要受木料长度制约，因木料的粗细需要满足长细比的力学定律。

如果木塔是"八角十三层"的塔型，高360尺，假设其塔刹按10.6米的高度，每层应（111.6-10.6）/13=8.46米，即平均八九米。按设计原理，外观十三层的木塔，每层应是一明一暗的两层，并非每层的高度，都是用八九米木立柱架空。比如应县木塔明"五层"，实际结构暗"九层"。建三百六十尺（111.6米）高的"开宝寺"木塔，外观十三层，实际结构远不止砖塔那样十三层。况且，8年时间是难以完成如此繁重工程的。

笔者无奈，宋代人说得再清楚"开宝寺塔最高"，论者不承认是指铁塔。宋代人、明代人都说"铁色琉璃塔360尺"，论者仍说360尺的铁塔，没有240尺的繁塔高。将史料作如此处理，还有什么道理可讲呢？

14.4 繁塔从来不比铁塔高

繁塔36.7米，为什么塔铭刻着高240尺？论者要折算成今天的73米？《汴京遗迹志》写着铁塔"高360尺"，它却只有55.1米？为什么不是应折算的111.5米？可见，铭石"刻着"的240尺和书上"写着"的360尺，都远远脱离各自塔高

---

[15] 田肖红、黄勇著：《巍峨奇观：开封繁塔》，河南大学出版社，2003年版，第42页。

的实际。但其中的矛盾现象完全一致，即文字表述的尺度，比建筑的实际高度都大一倍。实际120尺高的繁塔，发现的实据为240尺；实际180尺高的铁塔，史料说是360尺。

至于说铁塔的"结构是继承灵感木塔的，却没有再达到原先的高度"[16]更不合理。因为除了"开宝寺塔"这个名称，铁塔能继承木塔什么呢？木塔是木结构，百分之九十以上的工作量需木工。而铁塔是砖石结构，百分之九十以上的工作量需泥瓦工。它们完全不是同类工程，没有任何结构上的可比性。木塔烟消灰灭彻底消亡，铁塔另起炉灶，设计新建。而且并不在原址原位，更没有旧料利用，焉有继承关系？

被火焚的舍利木塔，没有史料知晓它是什么样子。所谓"八角十三层"的塔型，实际源于后世李濂讲"铁色琉璃砖塔，八角十三层"，也就是现铁塔的塔型。凭什么说铁塔的"结构是继承灵感木塔的"呢？这分明是颠倒的逻辑。意图不过是把铁塔的形制套用在木塔，从而将琉璃砖塔高360尺的文献尺度让给木塔，以使铁塔"没有再达到原先的高度"的说法成立。

14.5 古建筑物的书面尺度不等同于实际尺寸

我们在古代方志、碑刻等文献中不难发现，古人对建筑类文物长度、高度等尺度的文字表述，往往不尽符合实际。即"说法"和具体事实脱离，这种情况屡见不鲜。比如：尽管是王襄最早讲"开宝寺塔"高360尺，而他根本没有见过木塔，怎么知道不复存在的木塔高360尺？生活于开封的明代人李濂，当然见过铁塔，"高360尺"是他看到的55.1米（180尺）铁塔的尺度感吗？他不觉得55.1米的尺度感和111.5米（360尺）迥然不同吗？正如我们凭直觉就能看出18米和36米电杆

---

[16] 田肖红、黄勇著：《巍峨奇观：开封繁塔》，河南大学出版社，2003年版，第42页。

有区别，一般不会把看到 18 米高的电杆非说它 36 米。李濂若看到王襄讲的"开宝寺塔"高 360 尺，与铁塔的 180 尺高不符，为什么他还非要强调"铁色琉璃砖塔"360 尺高呢？

估计不是他糊涂，而是我们今天的学术作风出了问题。

社会毕竟演进了 1000 多年，从繁塔塔铭成倍夸张记载繁塔的高度，以及李濂明确成倍夸张记述铁塔的高度，我们应该领悟到：古人并不按今天每宋尺 0.31 米的实用尺寸折算表述佛塔的具体高度，对某种神圣的建筑明显有夸张之习，将 120 尺的繁塔号称 240 尺倍而记之，将 180 尺的铁塔写作 360 尺倍而记之。

繁塔的地宫铭石对繁塔高度数据的夸张表述很有史证价值，对我们理解历史文献中这种与实际不符的表述现象提供了难得的实物证据。

怪不得欧阳修讲"开宝寺塔"在东京城里最高，原来他看到的铁塔是 180 尺高，而繁塔才 120 尺高。

怪不得王襄将"开宝寺塔"的 180 尺记作 360 尺，原来古人的习俗就是爱成倍夸大某些事物。

怪不得李濂将"铁色琉璃塔"明显的 180 尺，指认为 360 尺，原来他晓得夸大其词的习惯由来已久。也许明代的风气也是这样的。

无独有偶，宋、辽时期夸大某种事物尺度的社会习气，并非只体现在开封繁塔和铁塔上。梁思成先生曾举一例："山西应县佛宫寺尚有辽清宁二年（1056）木塔，为我们所知唯一孤本。塔高五层，《山西通志》称高三百六十尺，而伊东太博士说高不过二百五十日尺。"[17]

---

[17] 梁思成：《宝坻县广济寺三大士殿》，《中国营造学社汇刊》，知识产权出版社，2006 年第 3 卷第 4 期，第 13 页。

著名的应县木塔实际多高呢？满打满算 67.3 米[18]。实际上应县木塔下有 3.86 米阶基，上有 9.9 米的铸铁塔刹。实有塔身并不高于下部被泥土淤没"丈余"、上部为低矮铜质宝瓶、现有 55.1 米的铁塔（约 180 尺）。

为什么古人把高约 180 尺的佛塔都说是高 360 尺呢？为什么我们按"一宋尺等于 31 厘米"去折算文献表述的尺度，往往都脱离实际呢？繁塔铭石把 120 尺的繁塔，记作 240 尺的实例，证实了古人在文献中表述高度时，确有夸大一倍的"习气"。很明显，"一宋尺等于 31 厘米"是古人营造时的"工程"实用尺度，在日常表述中则往往把总尺度夸大一倍。实践也证明，生搬硬套地用"一宋尺等于 31 厘米"，"一唐尺"等于多少厘米，去验算文献里表述的古建筑尺度，很难找到完全"吻合"的实例。

这些都说明，不是欧阳修对比错了，王襄说错了，李濂糊涂了，而是今人刻意将 360 尺套在"灵感木塔"头上，规避欧阳修、王襄所指的"开宝寺塔"意在铁塔，使这些本来就有瑕疵的史料失去了应有的价值。

应该说"铁塔只达繁塔腰"的传说，绝对不是史实。一味用先入为主的臆断，去解说宋人虚夸的尺度关系，肯定是白费气力。

由繁塔的 240 尺也不比铁塔的 360 尺高，被解读成"繁塔比铁塔高三分之一"，笔者想起铁塔与繁塔的另一对比：铁塔上有周王府镶嵌的 48 块大佛像和多次修塔铭记，可见周王府可以随时修铁塔。而繁塔上补修了 1400 块的周府佛砖，却断言终明一代不敢修繁塔。明代的繁塔似乎就像"文化大革命"

[18] 刘敦帧主编:《中国古代建筑史》,中国建筑工业出版社,1984 年 6 月第 2 版,第 214 页。

中的"黑五类"，政治待遇与铁塔有天壤之别！

明代开封周王府的王气虽盛，但周王府大门被堵不被拆，繁塔却要被拆四层？容易拆毁的铁塔安然无恙，不仅不拆反而大加维修。好像只有繁塔充斥着"王气"，影响到明初皇权的稳定。同一时代背景、同一政治背景下的同一类事物，际遇怎么会有如此巨大的差异？

只能说不是文献的问题，而是只能把文献视为分析问题的依据之一。当文献与现实相悖或违背科学逻辑时，就不能再作臆断之解释。

十五

繁台和禹王台历史文化积淀

作为中国六大古都之一的开封，拥有历史文化积淀丰厚的"汴京八景"。其中，源于繁台及以繁塔而著称的"繁塔春色"；与肇始于西汉梁苑，今名禹王台公园的"梁园雪霁"；原为古汴河，现名惠济河的"汴水秋声"，三大景观毗邻而聚。这么一处文物、文化荟萃的"两台一河"景区，当年的景致和氛围曾经什么样子呢？

从古诗中我们可以管窥一斑。

其一，金代宁国公之《梁台》："汴水悠悠蔡水来，秋风古道野花开。行人惊起田间雉，飞上梁王古吹台。"

其二，王隐君之《暮春郭南》："大梁城外孤台旁，烟昏水碧春林芳。凭高极目见归雁，风物令人思故乡。"

由此可见，金代汴河尚从繁塔下、禹王台旁边潺潺流过。悠悠汴河、蔡水"烟昏水碧"，升梁台或登繁塔，极目远眺风光无限。

即使到了今天，繁塔、禹王台、惠济河等如此的"烟昏""水碧""春林"大氛围、大环境犹如当年，或经略加整理、开发便不难"旧景重现"。

从地图可知这一段现存的"惠济河"，基本就是古汴河的遗址（图89）。

它与千年繁塔、禹王台景区珠联璧合，真实而完整地诠释了北宋东京城东南隅的历史文化特质，具备真实而全面地再现宋都当年风采的可能性和可行性。也具备再现汴河原址、原味的唯一性，有其不可多得的独特价值。

这里曾有春秋吹台、战国信陵君墓和祠、汉代的梁园、隋

图 89 惠济河
航拍图

唐大运河、五代皇寺、大禹祠殿、明清书院，以至传承一二千年的古遗址。可以说这里是古都开封上至春秋汉唐，下迄宋元明清文化荟萃之区。既有史籍之源，又有实景之地。

我们知道中国另一个大古都西安，有一处围绕大雁塔的"曲江"景区。

"曲江"也位于西安城区东南部，为唐代著名的曲江园林所在地，境内有曲江池、大雁塔、大唐芙蓉园、寒窑、秦二世陵、唐城墙等风景名胜古迹及历史遗存。如今的曲江新区为我国的文化产业国家级示范区、5A 级景区和生态区。而开封的"两台一河"景区，除了"繁塔春色""梁园雪霁""汴水秋声"等三大核心景观之外，尚可挖掘汴河扬州门水闸、宋外城上善门、相国寺僧人塔林等历史文化内涵。

西安大雁塔着实声名显赫，遗憾的是塔体经明代大修，原始性文物信息严重缺失。所幸者，现今的开发大气磅礴，叹为观止。特别是前扩广场，后建寺院，现代化喷泉壮观动人，周边店铺人气旺盛。

西安借助大雁塔的声望，做成气势恢宏的景区，也真正收到发扬历史文化的实际成效。以繁塔和禹王台公园为核心的文化遗产相当丰厚，绝不能把如此厚重的宋文化要素，仅仅作为房地产开发的"噱头"和点缀！

比如，惠济河可作"再现古汴河"的综合性开发，兼收城市公共绿地之利（台北花博会就是利用河边的公共绿地）。又可将其和城内的"州桥"地下博物馆开发捆绑一起，纳入"大运河申遗"。开封的汴河和州桥若能得以重现，将是大运河申遗中的拳头"项目"。

此外，陇海铁路兴隆火车站的清末法式站房近在咫尺，它和禹王台内小红楼，是中国洋务运动时期修建东陇海铁路的一段，是汴洛铁路早期的珍贵文物。这在全国恐怕也不多，完全可以构成完整的铁路博物馆。

另如，附近80多米高的跳伞塔，亚洲第一，保留至今已成极其罕见的唯一。可以开展跳伞旅游项目，如果今后低空飞行开放，以此为据点，延伸到黄河滩开展低空飞机跳伞，就能做出有"特色的旅游项目"，这是其他地方不好攀比的。

今天，"望长安，曲江秀丽雁塔千秋芙蓉园盛世歌舞享太平"，日后，"看东京，汴河浩渺繁塔春满古吹台万代琴声奏新曲"。实现开封繁塔景区的震撼性发展是完全可能的。

附录：开封繁塔的碑刻石铭与佛砖墨迹

　　开封繁塔建于北宋开宝七年（974），塔身硕大造型独特，数百年来传说离奇。实际上，它是宋代楼阁式砖塔中最应珍视而被误判的遗构。它保存得最原真，不仅有造塔时记载捐施内容的碑文、额石刻字，而且塔身内外镶嵌的6925块佛像砖上，也保留着大量记载捐施人姓名的墨迹。仅此现象，我国现存的任何古塔就难以匹敌。这些石刻文字和宋人墨迹，承载着丰富、可靠、真切，甚至有趣的历史信息。每一个字都无可置疑，起着确凿而难得的证史作用。应当说，这些文字一字千金，不亚于一页"宋版书"一两黄金的文献价值。

　　它们不仅是解读繁塔历史的最直接的证据，能把当年造塔时的各种活动，了解得清清楚楚。而且透过这些珍贵的文字信息，还可以检视出各种人物当年在繁塔建造过程的活动，及其身份、籍贯、职官、祈愿等。也能显示出有关北宋初期的地理、宗教、人文等社会历史信息。

　　过去，虽曾有过一些繁塔的石刻碑拓，但远不周全。更未对其镌刻的文字予以解读，为此开封市延庆观繁塔文物管理所编辑出版了《开封繁塔石刻》一书，书中收录了繁塔全部石刻碑铭内容。笔者在研究繁塔原型课题中，全面接触到繁塔的碑刻、额石以及佛砖遗存墨迹的各种文字。故借此对这些文字传达的信息作些初步的探索分析，揭示一些它们的证史价值。

比如，通过简单的统计，就能知道信众们捐施了多少钱、捐施了什么物品。就能搞清繁塔是不是全靠信众捐施建造的。

另如，碑文清晰地记载了两种赞助建塔的组织，一个是寺院组织的"助缘会"，一种是由信众自发组织的"修塔会"。72人的"助缘会"每个人的具体捐钱数额都有记载。四个"修塔会"的总人数最多，但只记载了215个成员名单，并不记他们捐施任何东西。说明这两种组织一定有区别，它们的区别是什么呢？

再如，地宫铭石刻有开宝七年，捐施碑文刻有太平兴国二年、五年、七年、淳化元年，蹬道额石又有太平兴国七年等，各种位置 不同、纪年不同的信息，它们和繁塔的施工进度有什么佐证关系？

解读清楚诸如此类的问题，即可比较全面地、准确地了解繁塔建造史。

一、二层佛洞里的『千年账簿』

繁塔的塔身有我国古塔中唯一的特殊建构，即在二层正北的小佛洞里（图1、图2），宋代僧人专门镶嵌了16块记载捐施的石碑。这16块碑刻象"千年账簿"，把宋代官员、进京客商、军民信众、僧侣为造塔而捐施的每一笔钱财、每一项物品，都记载得详详细细。通过解读这一"千年账簿"，能了解到当年的建塔情况和不少的社会信息。

图1 二层北佛洞16块石碑布局

图 2 二层北佛洞内景局部（前三块彩色佛砖为 1983 年添加）

1.1 捐施碑刻的布局

在繁塔二层正北的小佛洞里，镶嵌着宋代的 16 块石碑。东、西墙面各镶七块，南墙镶二块。东、西墙的七块分上下两层，都是下层镶四块，上层镶三块。东、西墙下层的各四块和南墙的二块，像"石质墙裙"围着三面墙绕一周。每块石碑宽（高）约 42 厘米，但长短不一。最长的 111 厘米，最短的 71.5 厘米。这些石碑记载了当年为建造繁塔，信众们捐施钱物的情况。

1.2 捐施碑刻的碑文

1.2.1 西墙面下层的四块石碑中，只有最靠外的一块碑刻有字（图 3）。碑长 102 厘米，高 42 厘米。自右至左刻有 20 行文字。

弟子平海军节度使特进捡校太师陈洪进
伏睹
繁台天清寺建立宝塔特发心奉为
皇帝陛下舍银五百两入缘

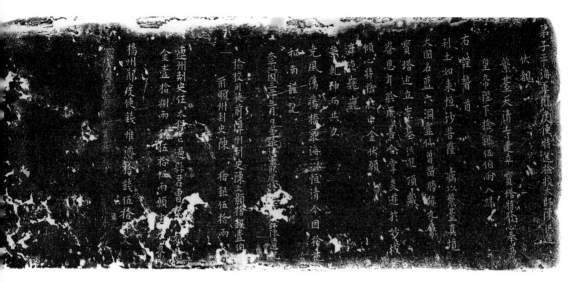

图3 西墙下层陈洪进捐施碑

右仅稽首

刹土如来恒沙菩萨窈以繁台真境

大国名蓝六洞灵仙曾留胜迹九层

宝塔近立崇基洪进顶戴

眷恩耳聆厥善合掌爱游于妙域

倾心特舍于中金伏愿

舜德巍巍

等乾坤而共久

尧风荡荡播寰海以恒清今因舍施

和南谨记

太平兴国三年三月日第子平海军节度使特进捡校太师陈洪

进记

检校司徒前漳州刺史陈文颢舍银一百两

前顺州刺史陈　舍银五十两

连州刺史任太保亡过县君曹氏八娘

舍金一十八两银五十五两愿生天界

扬州节度使钱惟濬舍钱五十千文

202

图4　西墙上层中间石碑上两条字迹

1.2.2　西墙面上层三块石碑中，只有中间的一块刻字。碑长 77 厘米，高 43.5 厘米，刻写了两条 9 行文字，其余都空白无字（图4）。

（1）许州客赵文志施佛菩萨一十尊额石二条

为合家骨肉安乐淳化元年赵文志记之

为亡考赵知政亡母潘氏新妇华氏男冯七

愿同生天界为弟文绪妹赵氏妻张氏

男杨留郑留三哥文婆喜苏姐蔡姐

外翁潘进高仁美男谢郎十得三哥愿同登

佛会

（2）汝州襄城县刘濬施佛三尊愿家眷安吉千灾

消散万福兴崇

这两条碑文是一个很"反常"的捐施记录方式。因为，凡捐施佛砖者，都是把捐施人名"直接"书写在佛砖上，繁塔上现存数千块宋代佛砖概莫如此。而捐施的额石，也都是把发愿文"直接"镌刻在额石上,根本用不着专门刻录在石碑上。因为凡捐施佛砖或额石的人,都希望把姓名"直接"书写在佛砖上,或镌刻在额石上。用最"醒目"的方式表现出来,便于后世人看到和流传,并不乐意这种刻写在佛洞石碑上难以彰显的方式。

特别是赵文志在"淳化元年"施额石的碑文,还有着推测(或界定)繁塔施工"形象进度"的证史意义。可以肯定,既然赵文志在"淳化元年"还捐施了二块额石,就证明繁塔在淳化元年尚未竣工。但这时候塔身主体修建到何种程度呢?则是另外的问题。

那么,据"淳化元年"仍有捐施额石的,该怎样推断建造繁塔的工程进度情况呢?

如果到淳化元年(990)时,繁塔还要继续往上建造好几层,就还有很大的未完工作量。则后续的捐施活动,绝不可能戛然而止。而佛洞里的16块石碑,至少有10块空无一字,应该还能记载"淳化元年"后很多捐施活动的信息。事实上除赵文志、刘濬二人这两条捐施外"悄无声息",再也没有任何更靠后的捐施记载,这证明这两条信息即为捐施活动的尾声。

所以,历史的真相应当是赵文志捐施的额石,是最后捐施的额石(因为额石少一块不行,但多余并无用)。说明了虽然淳化元年繁塔尚未完全竣工,但塔身主体已经基本建成。

1.2.3　南墙面的二块均空无一字。

1.2.4　东墙面下层四块中,有三块刻字。

第一块,最靠内侧(图5)。碑长111厘米,高43.5厘米,刻15行文字。上刻8行45人的名单:

府太康县义门乡西华县长平乡修塔会人轩凤

时远　王威　张顺　刘祚　胡祚　时肇　匡遇　邵兴

图5 东墙面下层四块碑石内起第一块

吴美 吴演 徐乂 焦荣 解琛 时遇 张秘 时兴

轩诚 毋祚 轩莚 轩嗣 戚嗣 魏珍 杨柔

轩福 高雅 轩绍

朱氏 吴氏 王氏 时氏 吴氏 朱氏 时氏 张氏

马氏 轩氏

靳氏 阎氏 李氏 吴氏 张氏 刘氏 高氏

间隔约 10 行空隙后，又刻：

阎训为修塔助缘施井钱三十贯文

齐州客杨守元施车一乘

轩凤施牛三头

茶末铺李守信施钱

醋店孙 每月供人工醋一硕五斗直至塔圆就即住至太平兴

国七年正月十五日已前供过醋五十硕愿世世常逢胜事福乐无灾

菜园王祚施菠薐二千把萝卜二抬考考

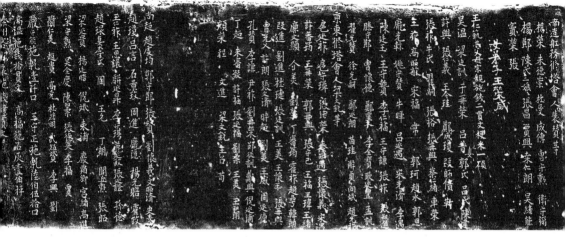

图6 东墙面下层内起第二块完整碑文

1.2.5 第二块碑长 111 厘米，高 43.5 厘米（图6）。记录了三个"修塔会"成员的姓名，但不显示他们捐施了任何钱物。

南造船务修塔会人裴赟等

杨荣 朱德崇（略去12人）女弟子王荣感

王仁范为父母宗亲施钱二贯文粳米一硕

吴温 梁廷训（略去49人）赵光祚

需要指出的是，在"南造船务修塔会"这69个人员名单中，仅在王仁范名下加注"王仁范为父母宗亲施钱二贯文粳米一硕"一句，说明王仁范为父母宗亲捐施的钱粮而非为自己。其他人也均无捐施任何钱物的记载。

即使"修塔会"里有人另有捐施，也不记载在这里。比如，我们还见到一块刻有"南造船务第一指挥军头杨荣、陈氏三娘公施"的额石，这个杨荣无疑就是"南造船务修塔会"中，列第一名的那位杨荣（图7）。

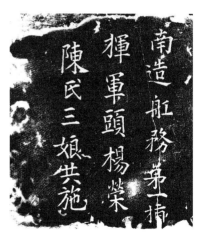

图7 南造船务第一指挥军头杨荣陈氏三娘共施

京东修塔会人梁文锐等

扈延祚 扈守璘（略去 48 人）文进 梁文锐 王召 荀

这份名单，因梁文锐的名字首尾出现两次，故实为 52 人。同样，所有人均无捐施任何钱物的记载。

这块碑空了约三行字的间距，又刻录了

尚超 赵处均（略去 44 人）李兴 刘

在这 48 人的名单之后又刻录着 4 条功德：

严守能施砖一千口，王守正施砖六百五十口

高温施钱十贯文 高福施石灰一百秤

秦州客郭宷施钱四贯文

许承赞施钱一十三贯五百文

为什么在"京东修塔会人"54 个人名的后面，空隔开三行字的间距，又继续刻录了另外 48 人的名字呢？显然，这 48 个人应属于另一个"修塔会"，可见这个"修塔会"的名称被遗漏缺失，只得以空隔 3 行字"间距"的方式处理。且这 48 人的"修塔会"也无任何捐施钱物的记载。

而严守能施砖、王守正施砖、高温施钱、高福施石灰、秦州客郭宷施钱、许丞赞施钱等 6 人的功德，和"修塔会"48 人的活动毫无关系。这 6 个人的捐施，只不过是补载在碑尾而已。

1.2.6 第三块，最靠外侧。和西墙最外边的碑相对应（图 8）。碑长仅 61.5 厘米，高 42 厘米。刻有：

维那许守钦 杜守荣化到第六级助缘会人

王审恭 吴晖（略去 20 人）杨仁美 萧光义

已上各二十贯文 刘彦施三十贯文

马昭裔施三十贯文 孟隐施十五贯文

张霸 翟守贞 苏荣 任守赞 田珣 刘廷翰

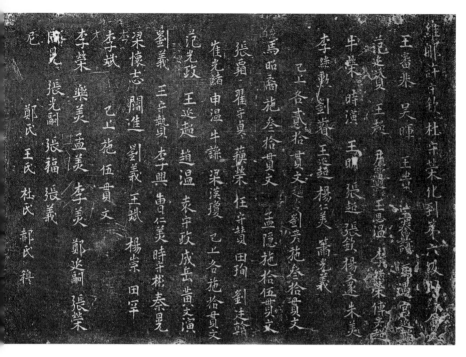

崔光绪　申温　牛谦　粱汉琼　已上各施十贯文

范光政　王延超（略去 15 人）田罕　李斌　已上施五贯文

李荣　乐美　孟美　李美　郑延嗣　张荣　周晃　张光嗣　张福

张义　尼郑氏　王氏　杜氏　郝氏　穆

这个"助缘会"显然与"修塔会"有所区别。它只按捐钱多少前后排序。捐三十贯的 2 人，捐二十贯的 24 人，捐十五贯的 1 人，捐十贯的 10 人，捐五贯的 19 人。排在捐五贯钱之后的 16 人，甚至只记了人名而不记载他们捐了多少钱。可见，这 16 人的捐施一定少于五贯，故忽略未计具体钱数。

从"助缘会"碑文的具体内容，可以看出"助缘会"与不捐钱物的"修塔会"有实质性区别。"助缘会"是维那许守钦、杜守荣（两位居士）动员信众捐钱赞助造塔的民间组织。而另四个"修塔会"，应是信众自发组织的"以工代捐"参与修塔劳动的民间组织，无须捐钱。故即使"南造船务修塔会"的王仁范"施钱二贯文梗米一硕"，也是"为（代替）父母、宗亲"而捐施。一码归一码，捐施人的不同愿景在"修塔会"碑文中注记得清楚明白。

1.2.7　东墙面上层三块，仅中间一块刻一条碑文（图9）：

翰林医官承奉郎少府监丞王守贞

女弟子张氏同施公服衣物

这条简单的碑文有什么有趣的历史吗？当然有！比如，知道这位"施公服衣物"翰林医官王守贞是谁吗？单独看这条捐施文字，无法搞清楚。但在二层西北佛洞里有块"一佛二弟子二菩萨二供养人"造像碑（图10），也是一位叫王守贞的翰林医官捐施的。造像碑高50厘米，宽55.5厘米，浅线刻饰垂幔，其余三边刻卷云线纹。

图9　承奉郎王守贞捐衣物碑文

209

右侧刻：

翰林医官将仕郎守文司户参军王守贞今镌造释迦摩尼佛一
尊所伸意者伏愿皇帝万岁重臣千秋国泰人安风调雨顺然后守贞
阖家骨肉悉保康

左边刻：

宁（"宁"字，应断右侧为"悉保康宁"）事上勤劳恒时清
吉慧日长迥于照耀慈舟每救于沉沦不昧阴功无欺暗室□间之□
恩常降四时之福禄弥□太平兴国五年七月十五日记

在北佛洞的这块石碑上，我们又见到记载他和夫人又一同
捐施了"公服衣物"的碑文，这证明了什么问题呢？证明王守
贞是在太平兴国五年捐施造像碑之后"升了官"，为感恩佛祖
再次来捐施。

为什么作此论断呢？因为"两处"出现的王守贞，都是翰林医官。只不过在太平兴国五年捐施"造像碑"时，他任职"翰林医官将仕郎守文司户参军"，而捐施"公服衣物"时，已擢升为"翰林医官承奉郎少府监丞"。

1.3 同名王守贞一官一民

更有趣的是在塔身内蹬道上，还见到有镌刻着"王守贞妻赵氏施愿阖家安乐"的额石（图11）。那位"翰林医官"王守贞的妻子姓张，这位捐额石的王守贞妻子姓赵。可见，这两个王守贞，同名同姓，一官一民，肯定不是同一个人。在一个范围相对不大的事件中，"王守贞"出现于三个场合。两处称"翰林医官"，且妻子姓张的王守贞为一个人，另有位捐额石的，且妻子姓赵的王守贞，则是另一个人。

图 11 平民百姓王守贞捐施碑

二、宋人碑文排序的『内在逻辑』

二层北佛洞里的 16 块石碑中，虽然只有 6 块镌刻文字，但内容丰富多样。仔细研读就可发现造塔时的历史信息。比如：

2.1 这个千年账簿的"版面"布局是有规矩、有意识的

从西墙下层四块石碑，到南墙两块石碑，再到东墙下层四块石碑。在同一个标高，像墙裙似的在小佛洞里，接连镶嵌 10 块石碑。西墙上由外至内的第一块，刻写着平海军节度使陈洪进等五个官僚捐施钱财的碑文。碑文按地位高低、尊卑长幼、捐施银钱多寡，自右到左有序地刻在一块石碑上。排第二位的前漳州刺史陈文颢，实际就是陈洪进的大儿子。

然后西墙空白三块，与之相连的南墙两块全部空白，与之相连的东墙又空白一块，一共连续空白了六块。

接着是由内至外（由右到左）的东墙第二块。首段刻了

"府太康县义门乡西华县长平乡修塔会人轩凤"等 44 个人名。间隔很大又刻录了"阎训"等捐施的六条零星信息。

又接着是由内至外的第三块。首刻"南造船务修塔会人裴赞"等 69 个人名，继刻"京东修塔会人梁文锐"等（自右到左）54 个人名。间隔三行后，又刻"佚名"的某修塔会 48 个人名。

最外的（自内至外第四块）一块碑文，记载的是"维那许守钦、杜守荣化到第六级助缘会人"。维那是寺院的"职事"角色，由维那牵头的"助缘会"，当然是寺院建造繁塔过程中的办事组织。它的"职事"之一就是筹措捐施资金。这个"维那许守钦、杜守荣化到第六级助缘会"的 72 个人，总计不过捐 750 贯而已。

有论者认为，既然二层北佛洞的捐施碑文中，刻有"维那许守钦、杜守荣化到第六级助缘会"，就"足证繁塔第六层已在建筑之中"[1]，意即"繁塔当年建造的有第六层"。当然不是。

维那"许守钦、杜守荣"，据名讳可知他们不是寺院的僧人而是信佛的居士。该"第六级助缘会"显为针对"第六级"的特定助缘。实际情况是：空闲十多块碑石，却既没有"第一级"到"第五级"的助缘会，更没有"第七级到第九级"的助缘会。这说明"第六级助缘会"并非针对具体的"第六级"而设。

那么"第六级"指什么而言的呢？是"原九层"的"第六级"还是代表"六级"塔身的小塔？这是研判"第六级助缘会"捐施活动标的物的关键。

"化到第六级助缘会"中"化到"的语义，为使命完成之

[1] 王瑞安，《千年繁塔重修记》，《开封文博》1999 年 1—2 期，第 7 页。

谓。比如，登三层塔顶平台爬梯中的一块额石上，刻有"日骑左第二军第二指挥第五都张朗，化到众人共施一片，愿同增福利"。一个骑兵的小小军官，纠合弟兄们共施了一片额石即"化到"，完成了为大伙祈福之愿故曰"化到"。

按碑文统计"化到第六级助缘会"共 72 个人，总计不过捐 750 贯，其中少于五贯的 16 人只刻名字不刻捐款数，作忽略不计处理。而捐施碑共 16 块石碑，空余 10 块未再刻写一字一句。该碑镶嵌在最后一个位置，且知捐施碑最晚的纪年是"淳化元年"（动工 16 年，建至第三层时）。显然，区区 750 贯也只有针对"六级"小塔捐施，才是"第六级助缘会""化到"的捐施对象和目的。所谓的"原九层"的"第六层"是根本不存在的。

从西墙的第一块"平海军节度使陈洪进"捐施碑，中间空白六块后，到东墙记载"第六级助缘会"信众捐钱、倒数第一块石碑，它就像是千年"账簿"的最后一页。下层的十块石碑，用四块空六块，有一块的碑文还稀稀拉拉。不难看出，从西墙到东墙古人完全是按从右到左的书写习惯，官前民后，尊前卑后，捐多靠前捐少靠后，群众自发的"修塔会"在前，"都维那"主导的"助缘会"在后。对捐施碑文内容作了"有意识"地排序布局。

2.2 东西墙上层六块碑中三条文字的解读

从碑文的内容、从宋人把"千年账本"有意识逆时针地从西到东，从右到左地排序可知，这些碑文是按纸质捐施账目，后期按规则抄录、誊写刻制到石碑上的。

当年建造繁塔的时候，这些石碑是在什么情况下镶嵌的呢？

因为，碑刻中有最早太平兴国三年（978），最晚有淳化元年（990）的纪年。故不可能在 12 年内，按捐施时间刻一块镶一块。这 16 块石碑，应该是一次性镶嵌上墙，碑文是后期登录镌刻的。

那么，究竟又是什么时间一次性镶嵌的？这只能有两个时间节点。一是二层建成佛洞之后，随即镶嵌上 16 块石碑。二是塔身主体完成，进行内外佛砖"装修"时。今天，我们从二层北佛洞内佛砖"装修"工艺，和砖石施工缝构造判断，很可能这 16 块石碑是佛洞里"装修"佛砖时一次性镶嵌的。

并且从碑文的笔迹同一、字体的潦草判断，显为一人所写。刻工拙劣线条浅薄，个别人的名字有姓无名，有的捐钱数漏刻缺失，丢三落四。说明石碑是先上墙，多年后按纸质账面抄写并镌刻在石碑上。由于面对墙面抄录并刻写都不容易，故字迹凌乱，刻工草率。

2.3　官民究竟为建造繁塔捐施了多少钱

"千年账簿"忠实地记载了当年建造繁塔时，宋代官民信众捐施的财物与活动。真正做到了"不昧阴功，无欺暗室"，所有人的姓名、功德大小涓滴不漏，纤细毕呈。正因为"账目"如此细致、真实，为今天研究宋代人如何组织建造宗教建筑，提供了可靠的例证。应该说，繁塔的碑石文献、存留墨迹，也有古代"经济学"的意义。宋代的官民究竟为建造繁塔捐施了多少钱呢？

第一，陈洪进等五个官员为建造繁塔究竟捐了多少钱呢？据陈洪进捐施碑统计：

陈洪进捐（银）五百两＋陈文颢捐（银）一百两＋刺史陈捐（银）五十两＋任太保捐（金）一十八两＋（银）五十五两＋钱惟濬捐（钱）五十千文＝（银）705 两＋（金）一十八两＋（钱）五十千文。据宋史学者研究，宋初的钱一贯折合银一两，所以，（银）705两 +（钱）五十贯文 =755两。那么，宋初的"金一十八两"，相当于多少两银呢？

有宋史学者研究，宋初的一两黄金约折合七两白银。故"金一十八两" =（银）178两。则总计：755两 +178两 =（银）881两 =881贯文。

据此，陈洪进等五位官员，实际共捐钱881贯文。

第二，一般信众捐施的银钱，究竟捐了多少钱呢？大都记载于寺院维那许守钦、杜守荣组织的"助缘会"账单里。

这个"助缘会"共计72人，按捐钱多少前后排序。除了最多捐三十贯，最少捐五贯的56人之外。排在捐五贯钱之后的15人只记了人名，而不记载他们捐了多少钱。假定这15人平均按捐施三贯钱，经统计，则"助缘会"72人的捐施为798贯（750贯 +48贯 =798贯）。

第三，碑文中还另记有几个人的单独捐钱。估计是未纳入"助缘会"的账目，或后来补充的。可逐一统计：

阎训为修塔助缘施井钱三十贯文

茶末铺李守信施钱（空白）（未记钱数，按五贯计入）

（"南造船务修塔会"的）王仁范为父母宗亲施钱二贯文

泰州客郭宸施钱四贯文

许丞赞施一十三贯五百文

则有：30贯 +5贯 +2贯 +4贯 +3.5贯 =44.5贯

那么，为了建造繁塔，宋代官民总共捐施了多少钱呢？

总计：881贯 +798贯 +44.5贯 =1723.5贯文（即1723.5两银）

第四，除了以上官员陈洪进5人、"助缘会"71人、阎训等散户5人，为造塔捐钱1723.5两银（或1723.5贯文），其他人再多也没有为造塔捐施钱财的记录。如：

44 人组织的"府太康县义门乡，西华县长平乡修塔会"、69 人组织的"南造船务修塔会"、54 人组织的"京东修塔会"、48 个人组织的"佚名"修塔会，共计 215 个人捐钱了吗？除了"南造船务修塔会"的王仁范，"为父母宗亲施钱二贯文，粳米一硕"，其他 214 人均无任何捐施钱物的记载。这是为什么呢？

　　我们发现"修塔会"碑文的内容，与"助缘会"的记载事项显然不同。这证明不捐施钱物的"修塔会"的功用，与"助缘会"的捐钱行为完全不同。"修塔会"与"助缘会"有什么不同呢？

　　要知道，建造繁塔既需要财力、物力，也需要劳力（匠人和小工）。如果民众只想捐点钱，直接捐到"助缘会"就行，也可单独"刻录"在石碑（如阎训、郭宸）。但各"修塔会"明显没有捐钱记录。这就证明，"修塔会"成员应是只充当"义工"参加修塔劳动。

　　众所周知，农耕社会的农民不少人"亦工亦农"，也会干泥瓦匠或当小工。若家庭经济困难，完全会通过自己的体力劳动积德修行。这一判断，从"府太康县义门乡，西华县长平乡修塔会"这个组织，也可得以旁证。太康县或西华县距开封城均有约二三百里地。"修塔会人轩凤"等 44 个人，如果要以"捐钱施物"方式赞助修塔，各县、乡分别派人，或每个人直接到寺院捐钱即可，没必要组织"修塔会"，更没必要两个县乡组合成一个"修塔会"。只有以各自的"熟人圈"自发组织成"修塔会"，才便于"轮流"互换、相互照顾，驻扎在繁塔工地参与造塔。否则，离家二三百里生活不便，不如捐点钱省事。四个"修塔会"的 215 名"义工"，参加施工劳动，会省去很大造塔开销。即有钱出钱，有力出力，都是功德之举。

特别是身为"南造船务修塔会"成员的王仁范，借自己参加"修塔会"做义工之便，"为父母宗亲施钱二贯文，粳米一硕"，另替"父母宗亲"祈福。所以，僧人才专门标注予以记载。为什么说王仁范捐二贯钱一硕米，绝不是为自己捐的呢？因为信众捐财施物都有明确的祈福对象，为谁祈福写得清清楚楚。

比如，在繁塔蹬道上有两块"莫彦进"捐施的额石，一块刻"男弟子莫彦进为自身施石愿见佛闻法"。另一块刻"莫彦进奉为亡母朱氏施额石愿生天界"。也是雷同体例。发愿文为谁祈福，语气显然不同。

第五，还要注意到捐钱条文刻录在不同位置，也必然反映不同的历史现象。比如，闫训（捐三十贯）、秦州客郭宸（捐四贯）、许承赞（捐三贯五百文）、茶末铺李守信（捐数空白）四人，他们的身份不同、籍贯不同、捐钱多少有差别。这四条碑文既不和"助缘会"混合记载，又单独刻录在石碑空档的位置。说明这四个人是相互无关的、零星的个人捐施，而且这四个人的捐施，极可能是"化到第六级助缘会"化到72个人助缘钱后发生的。

我们还看到，即使捐施很少的四贯文也刻录上碑。即使诸如"茶末铺李守信施钱（空白）"少到可"遗漏"不记，仍"凑"一条刻到碑上去。即使像"施菠薐二千把萝卜二十考老"对造塔无济于事，照样刻录上去。如此涓滴功德全部"登录上碑"，可谓不缺不漏。却远远没有"填"满16块石碑，空无一字地留下10块空碑。

可见，除了平海军节度使陈洪进捐了五百两银，其他人的资金捐施实在不够"给力"。这无疑证明，造塔时预估捐施活动会很踊跃，事实上后来参加捐施的人不多，捐施的钱物也不多。也证实所有捐钱施物的"数量"是确切可靠的，只要统计出捐施钱财的多寡，就能判断出繁塔是不是以民间集资为主建造的。

2.4 零星碑文条目的深解读

2.4.1 我们知道在西墙面上层的碑刻中，有一条记载赵文志捐施的特殊碑文，具体文字是：

许州客赵文志施佛菩萨一十尊额石二条

为合家骨肉安乐淳化元年赵文志记之

为亡考赵知政 亡母潘氏 新妇华氏 男冯七

愿同生天界 为弟文绪 妹赵氏 妻张氏

男杨留 郑留 三哥 文婆 喜苏姐 蔡姐

外翁潘进 高仁美 男谢郎 十得 三哥愿签佛会

赵文志这条捐施碑文，具有丰富的历史信息。首先，捐额石应镌刻在额石上，捐佛砖应书写在佛砖上，而以碑文形式记载捐施实属"反常"。证明了赵文志的捐施行为，已在捐施活动的尾声。否则，捐施的额石中一定有赵文志的名字，我们绝对不会在佛洞碑刻里见到他的名字。其次，碑文中"淳化元年"的纪年，界定了施工进度的时间节点，很有价值。

2.4.2 除此而外，赵文志捐施碑的内容也"复杂"费解。许州（河南许昌）的赵文志，除发愿"为合家骨肉安乐"外，似乎代表了三家亲戚，表达了各种不同心愿。

第一，赵文志祈祷去世的父亲赵知政、母亲潘氏、新妇华氏、男冯七等四位亲人一同生天界。其中的"新妇华氏""男冯七"，按语气应当是赵文志的华姓新妇和儿子冯七。从后文其有"弟文绪、妹赵氏"及弟弟、妹妹已有的众多子女"男杨留、郑留，三哥，文婆、喜苏姐、蔡姐"等家庭结构判断，赵文志年龄应已不小。按常理其子"男冯七"夭逝倒有可能，怎么会有祭奠"新妇华氏"之语意呢？难道，赵文志的"续弦（后妻）"华氏新婚不久死了吗？若他的家庭当时确实遭此厄运——"妻死子亡"，当然会在塔身即将完工的淳化元年（990），还捐施额石和较多的佛像砖。

第二，赵文志还为弟弟赵文绪、妹赵氏，赵文绪的妻子张氏，儿子杨留、郑留、三哥，文婆喜、苏姐、蔡姐，以及他的外祖父"外翁潘进、高仁美，男谢郎、十得、三哥，愿同登佛会"。这段话中的亲属关系有费解之处。男孩子杨留、郑留、三哥，文婆喜、苏姐、蔡姐六人，可理解为其弟赵文绪的儿女（或许也包含妹妹赵氏的子女）。其母为潘氏，故"外翁潘进"应是其外祖父。但高仁美是谁？和赵文志兄弟什么关系？"谢郎、十得、三哥"是"外翁潘进"的儿子吗？

这些文字真实地反映出宋代民间的家庭结构和社会关系，有一定的社会学史的意义。

2.4.3 "契约"性碑文的证史意义

东墙碑文中最值得研究的发愿文是："醋店孙　每月供人工醋一硕五斗直至塔圆就即住至太平兴国七年正月十五日已前供过醋五十硕愿世世常逢胜事福乐无灾"

这条看似简单的碑文，实则内涵丰富，有判断、佐证繁塔建造工期的意义。笔者认为，这块碑文是"醋店孙"老板的"契约性"捐施承诺，对佛的承诺必须实现。因此，孙老板一定要在对繁塔的"圆就"时间有所预期的情况下，才会作此承诺。如果他觉得繁塔的竣工时间遥遥无期，不会或"不敢"作此承诺。

繁塔是在开宝七年（974）动工的，到太平兴国七年（982）已经建了8年。我们不知道孙老板的捐施始于哪一年，但知道他在前8年内捐过"醋五十硕"。

繁塔在"太平兴国七年正月十五日以前"建到什么程度呢？建到塔身约 10 米的高度。因为，塔身的东、西蹬道有两块额石（图 12、图 13），一块的纪年是太平兴国七年正月五日，一块的纪年是壬午年（即太平兴国七年）二月五日。额石就是蹬道过梁，额石所在的位置就是当时施工到的位置。因此，这两块额石左右对称安置在塔身约 10 米，它们就绝对证明太平兴国七年初，繁塔主体建到塔高 10 米。

　　这个 10 米的"在建工程"状态，就是孙老板在太平兴国七年（982）正月十五日所看到的。当"醋店孙"老板承诺"每月供人工醋一硕五斗直至塔圆就即住"时，繁塔才建到 10 米高。如果繁塔像传说的"原九层"高 73 米，岂不是还要再

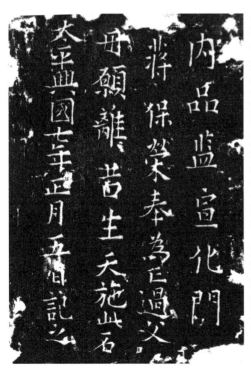

图 12　太平兴国七年正月五日　　　　图 13　壬午年二月五日

221

建"六十米"、再建"四五十年"吗？

按"三十而立"推测，太平兴国七年时"醋店孙"的年龄大约会在 30 岁左右，不然，他就没有"承诺"捐醋到"塔圆就"的支配权。而且"人生七十古来稀"，宋代人的平均年龄不高。"醋店孙"怎么敢承诺后半生自己不能掌控的、让下一代"还愿"的事？合情合理地说，"醋店孙"应当是估计繁塔再有一二十年可能竣工，才会有"每月供人工醋一硕五斗直至塔圆就即住"的承诺。

我们虽不知"一硕五斗醋"价值几何？但每月供一硕五斗，也是不小的人力、财力负担。若终其一生难了结承诺，情何以堪？

其一，"齐州客杨守元施车一乘"。齐州即今济南。

济南的杨守元为何不捐钱而捐一辆车？试想，杨守元千里迢迢地来到京城，他如果想赞助修建繁塔，理应直接到寺院捐钱，不会在开封买辆新车捐施给寺院用于造塔。所以，他很可能就是乘这辆车来开封（如送货）。返回时考虑路途遥远，索性施车给寺院，再以其他便捷方式（如舍车乘马）返回去。

其二，"轩凤施牛三头"，轩凤是谁？

他肯定就是"府太康县义门乡，西华县长平乡修塔会人轩凤"的那位"会首"轩凤。说明他除了组织乡亲参加"修塔会"，自己还意犹未尽地单独"施牛三头"。这更佐证了"修塔会"里，是不要求捐钱捐物的。如果有人愿捐施钱物，就另作一笔功德记录。

其三，"菜园王祚施菠薐二千把萝卜二十考老"。

这个菜园王祚是谁呢？ 仅从这条碑刻中是看不出来的。好在繁塔东蹬道的第一和第二块额石，都是一个叫"王祚"的捐施的。第一块刻着"男弟子王祚奉为父母施"，第二块刻着

"男弟子王祚女弟子杜氏施"。由此推测，捐施两块额石的"王祚"是"菜园王祚"的可能性极大。因为，他不可能一次性捐施鲜菜二千把，应是时常不断捐施些新蔬菜给造塔人食用。也许王祚的菜园据天清寺不远，所以造塔刚刚开始，他不仅捷足先登最先捐施额石，并不时把自己种的蔬菜，送到造塔工地。天长日久才有"二千把"之多，虽累计不少但平时负担不重。

故"菜园王祚"应为捐施过两块额石的"男弟子王祚"。又因他捐额石称"奉为父母施"，不像别人说"为亡父母愿生天界"。据此，还知王祚父母应该健在。本人年纪不太大，仅为小夫妇的两口之家。因为他夫妇的发愿文，不提子女或"阖家"等用词。

除了"菜园王祚"和捐施额石的"男弟子王祚"，在"南造船务修塔会"成员名单中，也有一位叫"王祚"。此"王祚"是捐施额石的"男弟子王祚"吗？应当说不会。一是因为"南造船务修塔会"的成员以流动人员为主，出工出力不捐钱物。二是"王祚"捐施额石的时间较早。那个时候，组建的"南造船务修塔会"是否形成也难讲。"南造船务修塔会"的"王祚"不会单独去捐施额石。在如此不太宽泛的人事圈里，竟然三处出现"王祚"这个名字，说明北宋时期的人名，有爱用"祚"字的风气。比如，在碑文中还能找出王仁祚、赵光祚、扈延祚、尹祚、霍祚、张祚、毋祚、胡祚等，诸多以"祚"为名者。

其四，"茶末铺李守信施钱（空白）"。

使人不解的是既然刻写了"茶末铺李守信施钱"的半截子文字，为什么不刻上他捐了多少钱？

这也许是办事的僧人马虎，把李老板捐多少钱也"漏"刻了，但可能性不大。因为石碑的刻字，僧人先写匠人后刻，两人过手。试想，"茶末铺"绝对是本微利薄的小生意，老板不会施很多钱，或许因捐钱过少，若不记载就"讳人功德"，若记载又觉得钱数少。如果像阎训那样捐三十贯，就绝不会漏刻捐钱数。可能觉得仅刻"茶末铺李守信施钱"的半截子文字，既不晦人功德又不难堪。

综如前述，在繁塔正北的佛洞里，虽然镶嵌着 16 块捐施碑刻，实际上总共捐施了不足 2000 两银子（1723.5 两），其他物品微不足道。那么，繁塔是不是完全依靠捐助建造的呢？只有如实地运用捐施信息，才能较正确地解读历史事实。

3.1 繁塔是靠民间集资建造的吗？

有人认为繁塔是由民间募化资金、物料兴建的："繁塔不是由官方拨款兴建的，而是由民间募化资金、物料兴建的，这可从现存繁塔捐施助缘人题记中得到证明。当时的捐施人是非常多的。"[1] 在繁塔内部的刻石和内外壁的佛像砖上，还可以看到很多很多。如阎训为修塔助缘施井钱三十贯文""齐州客杨守元施车一辆乘""轩凤施牛三头""菜园王祚施菠薐二千把萝卜二十考老""翰林医官承奉郎少府监丞王守贞，女弟子

---

[1] 王瑞安、魏千志：《开封宋代繁塔》，中国历史博物馆馆刊，1986 年第 8 期，第 17、18—44 页。

张氏同施公服衣物""王仁范为父母宗亲施钱二贯文粳米一硕""严守能施砖一千口""王守正施砖六百五十口""高福施石灰一百秤"。此外，还有"茶末铺李守信""南造船务修塔会人裴赞等""京东修塔会人梁文锐等""（繁塔）第六级助缘会王审恭、吴晖、王贵⋯⋯"等。即把各种不同的捐施混为一谈。然后不无夸张地说"数百余人，也都捐施了财物。其已经毁掉而见不到姓名的，尚不知有多少人"。[2]

3.2 为什么说繁塔不是仅靠民间集资建造的

建造繁塔捐施的财物到底够不够呢？把捐施财物的总价值与工程造价的"直接费"（材料费加人工费）作作比对即知。经统计：

其一，所有碑文记载有捐钱行为的官民仅止82人，总计捐了1723.5两银。况且，这区区82人中的"茶末铺李守信"和"助缘会"的李荣、乐美等16人并没有记捐了几个钱，也按捐钱计入。

至于"修塔会"的215人根本就没有捐钱。其他如施车、施牛、施砖、施灰、施衣、施菜、施米、施醋者，不足10人。并且对建造繁塔均属杯水车薪无足轻重。故所有捐施按2000两银（或2000贯）足矣。

其二，我们知道在农耕社会的古代，物料价贵而人工价贱。繁塔建造时有四个"修塔会"成员215名，不捐钱但会充当劳力工，寺院僧人450名也一定会参加造塔劳动。所以，繁塔的造价主要就是材料费。现繁塔共有155块额石以及6925块佛像砖，这两种材料全部都是民间信众捐施的，不需寺院再花钱。但是，现三层的砖砌体积约7513立方米，相当于开封另一座宋代楼阁式砖塔（铁塔）的两倍。这7513立方米普通

---

[2] 王瑞安、魏千志：《开封宋代繁塔》，中国历史博物馆馆刊，1986年第8期，第17、18—44页。

砖砌成的塔身是要花费砖钱、石灰钱的，靠碑文中记载"严守能施砖一千口，王守正施砖六百五十口"和"高福施石灰一百秤"，无异杯水车薪。

繁塔建筑参数测算表

制表：李凯、陈强

层数	部位	底面积（平方米）	高度（米）	总体积（立方米）	净体积（立方米）
一层	外轮廓	452.7（±0.00）	11.4	5026.7	4531.4
	塔心室	57.2	9.7（内）	495.3	
二层	外轮廓	347.2	7.2	2450.6	2149.3
	塔心室	47.2	5.7（内）	301.3	
三层	外轮廓	275.1	4.2	1163.7	1055.3
	塔心室	35.7	3.5（内）	108.4	
小塔	外轮廓	40.6	10.4	158.8	115.7
	内空间	21.2	6.1（内）	43.1	
合计	——		——	8799.8	7851.7

注：1. 各层塔心室体积包含本层小洞及蹬道净空体积
2. 总体积不含 0.6 米高基座体积 288.3 立方米

那么，靠陈洪进等官员和民众捐施的那 1723.5 贯文钱，砌筑成 7513 立方米的砖塔，相当于每立方米砌体均价约 0.23 贯文（230 文）。且不说脚手架、匠师报酬等，明显是不够的。所以，对捐施钱财的总量不做具体测算，笼统地断定繁塔是"由民间募化资金、物料兴建的"说法并不成立。

其三，繁塔始建的时候（974），是在北宋王朝蒸蒸日上寺院兴旺的大背景下。虽然五代时期战乱频仍，但作为五代时期四个政权的都城开封，并未遭受摧残。北宋就是以"宫廷政变"途径获得政权，城市本身未遭受毁坏。而天清寺在后周时就是皇家寺院，声势显赫兴旺有年。这从地宫铭文中就能显见：

大宋开宝□年，岁次甲戌，四月己卯朔八日□，收藏定光佛舍利，比丘□□鸿彻有愿，亲下手造砖塔一座，高二百四十尺。当寺僧众四百余人，讲经律论僧五十余人，三纲知事，寺尚座僧归节，寺主僧守谭，都维那僧崇明，讲上生经僧蕴光书。师弟僧方蕴，同修塔，门人义明、义忠同修塔，行者俗姓王义隐同修塔。行者施主具名如后：

水精瓶会首郑重人等，孙知柔、姚□遇、许守素、刘进、刘远、张壹、赵超、王卿、郭彦铢；水精函施主刘知让；水精瓮子施主翟□；金棺施主耿肇，男光远，女弟子刘氏与阖家共施；银椁施主等，王□□、赵□、向□、陈思义、李□□、张廷宝、范肇、常守谦妻侯氏、常家张氏、张霸妻于氏，兼施棺衣缛，舍利石匣；女九住□，西川前楚州马步军都指挥使解昌远施棺□。

据此可知，当寺主鸿彻敢于"有愿，亲下手造砖塔一座"时，天清寺是拥有 500 余位僧众的"大国名蓝"。寺院里一定不会是一文不名，完完全全在指望"捐施"的状况下动工。何况时有 500 余僧众的人力资源可恃，人工不需花钱，后来又有"修塔会"200 余人的义工。所以，繁塔并不完全是"由民间募化资金、物料兴建的"。比如，当太平兴国三年（978）三月陈洪进捐施 500 两银子时，繁塔已经"近立崇基"施工了 5 年。前 5 年里一文钱、一块砖也没人捐施，前一阶段的资金从何而来？证明寺主鸿彻根本没有指望全部靠"民间募化"建造繁塔。

后期的捐施，总共也不过 1723.5 两银子（1723.5 贯文），其他物品微不足道，靠这点财物也肯定造不起繁塔。所以，因为看到石碑上记载为造塔而捐钱施物的活动，就认为繁塔是"由民间募化资金、物料兴建的"并不合乎史实。

除了上述 16 块记载捐施功德的碑文，繁塔的内蹬道还有 155 块额石（也包括三层登塔顶平台的四块额石）。额石就是内蹬道的"石过梁"，使蹬道建到 85 厘米宽。而我国其他楼阁式砖塔的蹬道，基本都是砖砌叠涩"壶门"式（如开封铁塔），这一做法别开生面。

特别是每块额石都镌刻着捐施人的名字、籍贯、身份，以及发愿文字，使石刻有着深远的纪念意义，故当年信众们捐施额石乐此不疲，今天更是难能可贵。因为通过归纳研究额石上的铭文，就能读到当年造塔时的动态信息，它们仿佛是穿越时空的史证隧道或阶梯。

4.1 额石铭刻反映的基本史实

繁塔的蹬道由一层北佛洞起步，左右对称两边各有一条，直抵三层塔心室，这在中国砖石佛塔里绝无仅有。左（东）蹬道 76 块额石，右蹬道 75 块。按道理左右对称，两边的额石数目应该一致，可实际上右蹬道少一块。这说明古代缺乏有效的测量工具，匠师做不到精确无误，但对应于近百阶踏步的额石（过梁），经两次 60 度、一次 90 度折转并逐步登升后仅相差一阶,砌筑时能微调到难以发现,实属不易(若不经统计,我们并不知道左右蹬道相差一阶)。

此外,塔身的三层西北面有专设的"登顶爬梯",这个爬梯上还有 4 条额石。所以,整个繁塔塔身共有 155 条额石。只不过,这四条额石仅一条额石刻有捐施者的相关文字(图14),其他两条空无一字,另一条漫漶不清。

4.1.1 额石铭文和佛洞的捐施碑文,有相互印证或连带关系。(笔者注:涉及佛洞捐施"碑文"者,不另图注)

比如,在佛洞捐施碑文中,知道"南造船务社修塔会"的会首是裴赞,而名单中的第一名是杨荣。另从额石石刻知道,杨荣时任南造船务的第一指挥。他除了参加"修塔会",还和妻子陈氏三娘,额外捐施了一块额石(图15)。这一现象,再次佐证"修塔会"是只提供劳务不捐钱的组织。如另想捐施钱

 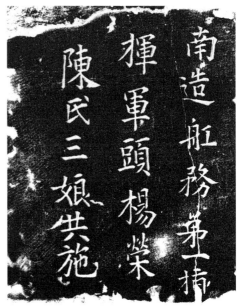

图 14 日骑左第二军第二指挥第五都张朗化到众人共施一片愿同增福利　图 15 南造船务第一指挥军头杨荣陈氏三娘共施

图 16 "菜园"王祚捐施之一　　　　图 17 "菜园"王祚捐施之二

物，则以其他方式再予"载录"。

又如，通过铭文知道率先"奉为父母施"第一块额石，第二块与妻子杜氏共同为自己祈福而施的人叫王祚。他应该就是佛洞碑刻中"施菠薐二千把萝卜二十考老"的"菜园王祚"。（图16、图17）

4.1.2　额石捐施的数量多寡，区别很大

有的一个人捐二十块（图18），有的一家捐十块（图19），有的三四人合伙共施（图20），有的一人（或家）施一块（图21），甚至有的在军官带领下"一营"士兵才捐一块。如，尉氏县骁捷第一指挥魏超化到本营众人等共施（图22）。

额石的发愿文，因人而异。一般信佛民众捐施额石都是"愿家眷安乐"。僧人捐施则"愿见佛闻法"（图23），将官和

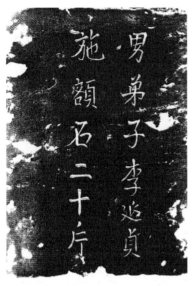

图18 "施额石二十片"铭文

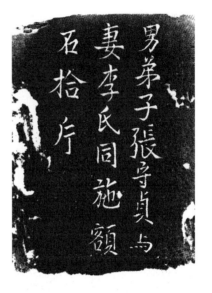

图19 "施额石十片"铭文

图20 四人捐一块铭文

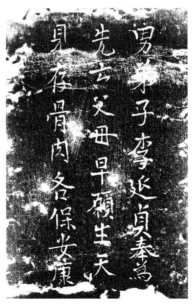

图21 愿亡过父母早升天界铭文

图22　一营兵士捐一块铭文　　　　图23　僧人祝愿见佛闻法铭文

士兵们的捐施，则祈求"愿事官清吉"。

4.1.3 从额石铭文可以读到的与造塔有关的信息

比如，东蹬道的第一、第二块额石，都是一个叫王祚的人捐施的，对应碑文中有捐施菜蔬的"菜园王祚"。似可推定此为一人，且王祚的菜园距离寺院不远。捐石"捷足先登"，就近捐施自己种的蔬菜，既省钱送菜也方便。

另如，东蹬道第六块铭文有"男弟子张守贞与妻李氏同施额石拾片"，在东蹬道第三、第四、第五、第八、第十、第十四，以及西蹬道的第三、第九、第十二块额石上，一共10片额石上均刻有"男弟子张守贞与妻李氏施"。这就证明张守贞与妻李氏捐施的"十块"额石，每块都一一对应用在塔身上。

而东蹬道的第十九块刻"男弟子李延贞施额石二十片"，

但我们只能在东蹬道的第十六块，见到"男弟子李延贞施"铭文，以及西蹬道的第十八块、第二十块，都见到了"男弟子李延贞奉为先亡父母早愿生天见存骨肉各保安康"的铭文。也就是说李延贞施额石二十片，实际见于塔身的仅有四块。捐施款额与捐施物料无需如数对应"用于造塔"？

可见，张守贞捐了十片额石，因为繁塔建造初期，捐施活动还没有发动起来，施工中顾得上镌刻一片安装一片，所以张守贞捐的十片额石都能看见。

而李延贞捐施二十片是个人捐施最多的，但李延贞捐施时，捐施的人很踊跃，已经顾不上按部就班地、每块都镌刻李延贞的名字。故今天只能见到刻他名字额石只有四片，其中有总领性地刻录"男弟子李延贞施额石二十片"。这说明信众的捐施功德，只要不遗漏不见得一一对应显现。

或许是，李延贞在捐施过程中，家庭突然发生父母双亡之变故。所以，较早的记录是笼统的"男弟子李延贞施"，后因父母双亡再捐额石的铭文，就出现了"男弟子李延贞奉为先亡父母早愿生天见存骨肉各保安康"和统计性的"男弟子李延贞施额石二十片"文字。

又如，东蹬道第二十六块为"袁浦奉为亡父知柔施"（图24）、第二十七块为"袁浦奉为亡兄密施"（图25），西蹬道的第二十四块"袁浦奉为亡母刘氏施"（图26），第二十五块"男弟子袁浦为亡妻焦氏施"（图27），可见此袁浦虽然是捐施四片额石，但各有祈愿要求分别镌刻，不像"李延贞奉为先亡父母"合并祈祷简单从事。说明寺僧尊重信众的意愿，不厌其烦因人而异。特别是我们还在"佚名"修塔会名单中见到袁浦，也许此人接连亡去父母、兄长、妻子，除了捐施额石，也参加了义工劳动。

图 24　男弟子袁浦奉为亡父知柔施

图 25　（男）弟子袁（浦为亡）兄密（施）

图 26　袁浦奉为亡母刘氏施

图 27　（男）弟子袁浦（为亡）妻焦氏（施）

再如，西蹬道的第十五块额石刻"妻朱氏男莫彦进为亡父莫训愿生天界见存眷属各保无灾"（图28），这块额石安装在一层偏下部。是说妇女朱氏和儿子莫彦进为其父祈祷施石。而到第六十六块额石刻"男弟子莫彦进为自身施石愿见佛闻法"（图29），同时在东蹬道的第七十五块已刻"莫彦进为亡母朱氏施额石愿生天界"（图30）。第七十五块是第三层的最后一块，从塔一层偏下的额石到第三层的最后

图28 妻朱氏男莫彦进为亡父莫训愿生天界见存眷属各保无灾

图29 男弟子莫彦进为自身施石愿见佛闻法

图30 莫彦进为亡母朱氏施额石愿生天界

一块，时光已过十多年。这说明莫彦进第一次母子同为亡父捐施，母亲去世后他又再来为母亲捐施。

最有证史价值的铭文，是东蹬道的第二十九块、第三十三块、第五十三块、第六十块，和西蹬道的第五十二块、第六十八块、第七十一块额石。这些额石都刻有"通许镇李从蕴第从睿从政为亡父母施"的铭文（图31），它们说明了一种什么问题呢？

因为东蹬道的第二十九块和第三十三块都在塔身第一层中下部，说明此时通许县尚称"通许镇"。而第七十一块已到三层的上部，只说明李从蕴兄弟早前一次性捐施了多块额石，没有集中安装一起，不一定能断定建到三层时，通许县仍称"通许镇"。但西蹬道的第五十八块另有"通许镇董澄彬弟澄玉为

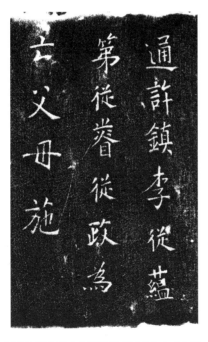

图31 通许镇李从蕴第从睿从政为亡父母施

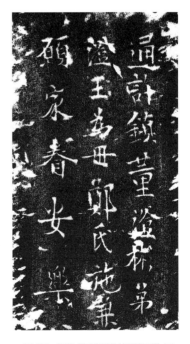

图32 通许镇董澄彬弟澄玉为母郑氏施兼愿家眷安乐

母郑氏施兼愿家眷安乐"的铭文（图32），这证明塔身建到三层高度内的第五十八块时，通许县仍然称"通许镇"。

为什么笔者对"通许镇"这个地名饶有兴趣呢？因为，它牵涉到繁塔的施工进度和竣工时间的判断。

现已知道，繁塔的纪年凭证有"开宝七年""太平兴国二年、三年、五年、七年"，最晚的是"淳化元年"。而"淳化元年"有人捐了两片额石，证明施工还在进行。但繁塔施工进行到何种程度呢？这个时间节点非常有价值。

因为在繁塔正南外墙面上，有块"咸平县郭下百姓顾典施"的佛像砖，它提供了从"通许镇"到"咸平县"演变的时间节点，是繁塔施工进度的凭据（图33）。

它无疑显示，顾典捐施这块佛像砖的时候，通许镇已经升格改称"咸平县"。这个改变是在宋真宗咸平年间发生的。镶嵌这块佛像砖的时间，应在刚进入咸平年不久。按照施工

图33 咸平县郭下百姓顾典施佛砖及其局部铭文

程序，镶嵌到这块佛像砖时的繁塔状态就是咸平初年的"形象进度"。据工程学判断：

第一阶段，从开宝七年（974）动工，到太平兴国七年（982）八年间，是塔身主体的砌筑工程，包括基础和普通砖塔身，施工到第一层上部10米高。

第二阶段，太平兴国七年（982）到淳化元年（990）约八年，施工到第三层塔身主体完。后续工程就是镶嵌内、外墙佛砖，以及门窗、木楼板等尾工。

第三阶段，淳化元年（990）到咸平元年（999）九年内，繁塔做的就是内、外墙佛砖镶嵌工程。自上而下精心镶嵌，到了"咸平年"差不多该镶嵌到正南外墙面，繁塔即将竣工建成。

所以，这块刻"咸平县郭下百姓顾典施"的佛像砖，不是纪年砖却起到胜似纪年砖的实证作用。

4.1.4 宋代佛教已经世俗化，故在宗教活动中不乏为朝廷祈福之例，繁塔里就有这种铭文"堂后宫刘彬施愿皇帝万岁"（图34）。另外，有的职官信息也很有趣，一个人的"职守"

图34 皇帝万岁碑文

图35 宋代官职称谓实例

长达 27 个字，字多不一定官职大。这些不起眼的铭文都是宋代的实物，是比文献更可靠的史据。（图 35）

4.1.5 额石铭文中的历史地理和人文信息

为建造繁塔捐钱施物的官员、民众，不仅仅限于东京开封城本地，更多的是天南海北到京城来的各色人等。

诸如，殿直侍卫、县君命妇、教坊乐师、洛京士人、齐州（济南）客商、随州（湖北）僧人、庐州（合肥）民妇、颍州船户、高邮军军官、兴元（汉中）随使医官等，应有尽有。

北宋首都东京，史称"八方辐辏，万国咸通"。我们今天从碑文、额石刻字中，可以见到近如陈留、尉氏、西华、太康、洛阳、汝州、陈州（淮阳）、许州、亳州、颍州（阜阳）博州（聊城）、赵州，远如西川（剑南之一部）、益州（四川陕南）、淄州、齐州（济南）、昇州（南京）等地人士都参与赞助修建繁塔。印证了北宋的东京城，在北宋初年立国不过十三年就"八方辐辏"热闹非凡。

特别是二层北佛洞捐施碑文中"秦州客郭宸施钱四贯文"一条中的秦州（天水）。而"秦州客郭宸"的称呼，仅仅捐施四贯钱的出手不阔，说明他不是高官富商。虽然今天不得而知天水的郭宸缘何盘桓于京城，但证明北宋初开封与西部的联络是频繁的。

无独有偶，塔内东蹬道的第六十六块额石，刻录着"夏州番洛都知兵马使李光文施"（图 36）。夏州宋时统万城为

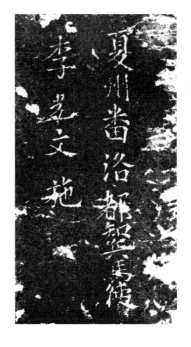

图 36　夏州党项人李光文铭文

"党项"人藩落。西夏"党项"人文化遗物、遗迹今天已非常稀少，直接在开封繁塔上发现，本身就有北宋初期与西夏人文交流的历史意义。

一位秦州客郭宸、一位夏州番洛都知兵马使李光文，在开封的活动史迹，证明了宋代中原和西部的政治、经贸交流非常密切，影响非常深远。结合前述碑文中"平海军节度使特进检校太师陈洪进""检校司徒前漳州刺史陈文颢""前顺州刺史陈""连州刺史任太保""扬州节度使钱惟濬"等地方势力人物捐施，以及捐额石的"建州蒲城县章荣"，可知北宋初已控制当时的泉州（平海军）、漳州、连州（广东）、建州（南平）、扬州等沿海地区。

不仅在碑文中可见到以上节度使、前刺史等地方军政要员在开封盘桓的信息，在佛洞里还存有"交州□□使司马桓"捐施的佛像砖（图37），以及"黎氏八娘"捐施的"普见佛"佛

图37 "交州□□使司马桓"捐施佛像砖　　　　图38 "黎氏八娘"施佛像砖

砖（图38）。这种地名和姓氏的指向性，都证实宋初开封的政治、经济、文化，与海上"丝绸之路"的泉州、两广、交趾等门户港口有频繁的往来。

我们知道，唐代丝绸之路以西向的陆路交通为主，而宋元以海洋运输为主。可以说开封在"海外贸易高度发达"的宋代，是海洋"一带一路"的主要起始点、目的地城市。开封便利的国际贸易通道，使这座都城盛称"万国咸通"。因此，古犹太人也是在宋代初年，从陆路（西域）或海路（泉州）进入中国，留住开封，融合在中华民族大家庭之中的。

特别是在塔身存有6925块佛像砖中，有块"行脚僧"佛像砖（图39、图40）。过去人们并不了解他，把他视为"唐三藏"玄奘。实际上完全不对。

他"深目、高鼻、厚唇"，一副标标准准的"西域人"面孔，衣着棉、手牵虎，跋山涉水，风尘仆仆传经布道，矢志不渝。这一佛像砖的西域牵虎行脚僧形象与建隆三年（962）三月，宋太祖曾诏"僧行勤等一百五十七人，各赐钱三万，游西

图39　西域行脚僧（牵虎僧）砖

图40　西域行脚僧砖局部

域"相印证。证明宋初佛教界的国际文化交流，为官方所重视和鼓励，这种交流往往是伴随丝绸之路的商贸活动开展的。

这个西域行脚僧形象的佛砖，还有一个史证意义，那就是它证明行脚僧面前悬挂的是"香炉"和经卷，一边行走一边念佛礼佛，而不是有人所说的"照明灯"。古代点油灯，走起路来摇摇晃晃灯油会撒掉的，故没有行脚僧点着灯走夜路的道理。

4.2 额石的特殊铭文及铭文的特殊意义

笔者在前面说过，塔身主体在太平兴国七年（982）建到10米高，在淳化元年（990）三层塔身建完。现三层塔身有155条额石。其中东侧（左）内蹬道有75块额石，西侧（右）内蹬道有76块额石，内蹬道共有151块。内蹬道的这151块额石，每块都镌刻有捐施人的姓名，甚至籍贯、职官、身份和发愿文。另外在三层西北侧，建有专门向塔顶平台的爬梯，爬梯上还有4条额石。

其中，个别铭文具有指标性意义。

4.2.1 如前例，东侧（左）内蹬道第三十五块额石，铭文是"内品监宣化门蒋保荣奉为亡过父母愿离苦生天施此石太平兴国七年正月五日记"。与之大体对称的西侧（右）内蹬道第三十八块额石，铭文是"刘彦为亡父刘进母王氏闻宰堵波为住持塍磚石为着力之因特舍净财用崇坚福廻施菩提法界有情壬午年二月五日记之"，壬午年就是太平兴国七年（982）。二者捐施时间相差一个月，东侧第35块额石和西侧第38块额石的位置，就在约10米的高度，证明太平兴国七年刚刚过了春节，繁塔塔身建到10米高。这两块额石能证实什么呢？证实繁塔从开宝七年动工，建了八年建到了10米高度的位置。

笔者做过简单测算，塔身10米高加上基础1.8米的砌体体积大约4000立方米，而现三层塔身的第二和第三层（包括小塔)两层的砌体体积也大约 4000 立方米。这说明什么？说明从开宝七年（974）到太平兴国七年（982），从太平兴国七年再到淳化元年（990），两个八年期间的塔身砌筑工程量大体相当。所以，在淳化元年繁塔的塔身主体，已经建成今天看到的、三层高大的塔身，正着手镶嵌佛砖的工序。

4.2.2 由于"淳化元年"赵文志捐施的两块额石，在内蹬道的 151 块额石中找不到，有学者认为"是用在三层以上诸层"，意即可能是在明朝"铲王气"时被拆掉遗失。但是看看三层塔身西北面的登顶爬梯，就知道这里

图 41 日骑左第二军第二指挥第五都张朗化到众人共施一片愿同增福利

图 42 空无一字

还有四块额石，这四块额石中，只有一块镌刻有"日骑左第二指挥第五都张朗化到众人共施一片同增福利"的文字（图 41），其余均看不到任何"镌刻"文字的痕迹。（图 42）

首先说，如果繁塔曾经建造过"三层以上诸层"，那么现三层的西北墙根本不能建造现有这个"爬梯"。假设曾有"第四层"，不可能从第三层塔心室走到平座，再绕到西北从这个"爬梯"钻进去。

这说明到"淳化元年"时繁塔三层主体即将完成，赵文

志捐施的额石就用在这里。或者即使没人"认捐",不刻字的额石也要安装上去。由于淳化元年赵文志捐施时,正是这个时期,所以没办法且没必要"在额石"上刻制。故在佛洞石碑上把他捐施的两条额石和十尊佛砖,统统作一条碑文另行补记,历史的再现基本就是这个样子。

4.2.3 铭文镌刻"徐勋为亡父施石一片愿离苦升天兼阖家四十一口施佛五十一尊计钱一十七贯八百文各愿增延福寿"的额石(图43、图44)更有价值。它使我们确切掌握"一片"额石和"五十一尊"佛像砖的综合价,是17贯800文钱。这个宋代初年"物价指数"的物证,恐怕是绝无仅有的,也将为测算繁塔总造价提供可靠的依据。

图43 徐勋捐施额石铭文

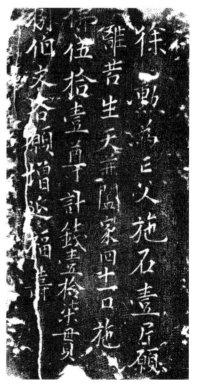

图44 徐勋捐施额石铭文拓片

繁塔的工程造价包括三个方面的价值：一是信众捐施的所有建材值多少钱；二是所有信众捐施多少钱；三是工匠和劳力人工费可能需多少钱。

5.1 建造繁塔不会仅靠信众捐施

从额石铭文、佛像墨迹、地宫铭石和碑文记载，我们知道所有佛像砖和蹬道额石都是信众捐施的。当然所有的 155 块额石以及 6925 块佛像砖，都不需要寺院方花钱。但是，除了不花现钱的额石和佛像砖，其他约 7500 立方米的普通砖砌塔身，难道也不需要花钱吗？官民信众所有捐施钱、物的合计数，够建造约 7500 立方米的普通砖砌塔身所用吗？如果不够，怎么能贸然认定繁塔全是民众捐资所建造的呢？

5.2 繁塔工程造价的测算途径

经统计，官民信众除了施材，还捐了 1723.5 两银（贯文）钱。但这点钱建造一座偌大的繁塔工程显然是不够的，但差多少呢？又怎么能测算出来呢？徐勋捐施的蹬道铭文，给出了解题的钥匙。

虽然，我们不知道额石和佛像砖的单价（每块值多少钱），更不知 8000 立方米塔身用的普通砖共需多少钱。但是，通过徐勋捐施额石铭文的综合价，经类比性测算可以大体确定各种建材的单价。

因一块额石和 51 块佛像砖的综合价格，合计是 17 贯 800 文。我们知道现繁塔共有蹬道额石 155 块，佛砖 6925 块。但不知道每块额石的"单价"，也不知道每块佛砖的"单价"多少钱，这怎么办？

第一步：繁塔佛砖的总数是 6925 块，若扩大 136 倍，即 $51×136=6936$ 块佛砖，基本等同。同理，$1×136=136$ 块额石，而 136 块额石，比繁塔额石实际的 155 块少 19 块。

这个算式说明什么呢？就是说把"一块额石和五十一块佛砖"的合计价值"十七贯八百文钱"，扩大 136 倍的数额，即：17.8 贯 $×136=2421$ 贯。这个 2421 贯，就是 136 块额石和 6936 块佛砖的总价值，仅仅少计入 19 块额石和 15 块佛砖的价值而已。可以基本认可 2421 贯，就是信众捐施的所有额石和佛砖的总价值。

第二步：因为不知道每块普通砖的"单价"，建造主体塔身需要多少钱，就无从算起。我们假设每块额石为"一贯"钱。那么，"51 块佛砖"的价值就是"16 贯 800 文钱"。这样，每块佛砖相应的价格，即 16800 文 $/51=329$ 文（329 文 $×51$ 块 $=16779$ 文，即约为 16 贯 779 文钱）。据此，一块额石大约是三块佛砖的价值（329 文 $×3=977$ 文）。

如果把每块额石设定为"二贯"钱，那么，"51 块佛砖"的价值，就是"15 贯 800 文钱"。每块佛砖的相应价格，大约是 310 文。一块额石会略大于三块佛砖价值，总的区别不大。但是，这个"价格"设定是否合适呢？是不是接近民众捐施心理和习惯呢？

其一，考虑到虽然额石是用量少体积大的主材，价格会贵一些，但是佛砖是"工艺品"的陶砖，捐一块额石相当于捐三块佛砖也比较合乎常理。比如，徐勋一家 41 口人仅捐施一块额石，而佛砖就捐施了 51 块，差不多平均每人捐施一块佛砖。

其二，从"碑刻账目"中可以揣摩到，捐施金钱的民众，数额最多的有三个人，每人 30 贯。其他 70 多人捐 20 贯到 5 贯不等，最少的也捐两贯。而最多捐 20 片额石的李延贞，也不过相当于捐 20 贯文。可见，捐钱的往往比捐施额石或佛砖的"贡献"大。所以，在二层佛洞里专设"碑刻"入账传世，愿意多捐钱的，一般就不再捐额石。捐施额石的直接刻上"某某施"即可。绝大部分是一人或几个人捐一片，最少的是一"营"士兵共同捐一片，人均十几文钱而已。

可以想见，一块额石按"一贯"文计算，比较接近民众捐施的承受能力和心理习惯。打算只捐施一贯、半贯钱的，就以额石或佛砖体现。因此，一块额石相当于三块佛砖的钱，在价值比上是合适的。并且，即使把一块额石设定为二贯，相应的佛砖为 310 文。设定为五贯，佛砖降为 250 文。可见，捐一块额石无非相当于三到四块佛砖的钱，它们的物价比区别不大。故每块额石价格的设定 329 文是合理的。

其三，前述 155 块额石少计入 19 块额石价值，多出 13 块佛砖的价值。

所以，155 块额石和 6925 块佛砖的总价值，等于 2421 贯 ＋ 19 贯 －（0.329×13）＝2434 贯文。也就是说信众捐施的额石和佛砖的总价值是银 2434 贯文。

按河南大学程民生教授研究"宋太宗时期的银价大约为每两1贯"，也就是2434两银而已。

5.3 塔身主体工程造价推算

除捐施的所有额石和佛砖，剩下的就是塔身主体约7500多立方米砖砌体工程的造价。这是繁塔总造价中的大头，它会需要多少钱？资金从哪来？必须有所交代和合理性推算。

问题一：仅靠陈洪进等官民捐施的1723.5两银（贯文）钱，肯定不够建造7500立方米的塔身主体。

因为，若仅仅指望用1723.5贯文建造7500立方米的塔身主体，则每立方米砌体才用230文。按繁塔的普通宋砖，每块长0.40米，宽0.25米，厚0.075米，则每立方砌体需普通宋砖133块。则230文/133块，也就说每块普通砖价仅1.7文。前面我们推算过，每块佛砖约值329文。若一块普通砖仅1.7文，每块佛砖则等于193块普通宋砖。试想，虽然佛砖的工艺复杂，比普通宋砖价格高是必然的，但相差过大就不合情理。假设每块普通宋砖17文，一块佛砖大约相当于19.3块（按20）普通砖，这个比价会相对合理。

所以，普通砖按17文计，塔身砌筑工程需要的钱数是：

17文×133×7500=16957500文，就是说7500立方的塔身的造价就需银16957.5贯文（一万七千两银）。

故总造价为：16957.5+2434+1723.5 = 21115两银（贯文），即二万两银。繁塔仅仅依靠"捐施"的1723银两是建不成的，寺院自筹的资金必须占百分之九十以上。很可能赵宋皇室的官方资助是主要的，把所有捐施碑文、额石铭文、佛砖墨迹的信息，梳理清楚自然就会得出比较接近史实的判断。

5.4 为什么不考虑人工费问题

5.4.1 任何工程的总造价都需要建筑材料和人工费两大

项，甚至还发生相关的"间接费"，繁塔当然不需"间接费"。但是为什么不把人工费计算进去呢？这必须结合建造繁塔的历史实际。

我们知道，当"寺主僧守谭，都维那僧崇明，讲上经僧蕴光"等下决心兴建繁塔之时，寺院的 400 多个僧人完全可以担当杂工，做一般劳务性工作。另外，为了赞助建造繁塔，民众组织了"东京修塔会""南造船务修塔会""开封府太康县义门乡修塔会"和"西华县长平乡修塔会"等五个"修塔会"共 210 多人。贫苦信众以劳力抵钱物参与"义务"的建塔劳动。况且农耕社会的平民"亦农亦工"不在少数，有此无偿的劳力，建造繁塔的人工费计酬，仅限于少数匠师和雇佣工匠。这笔薪酬没含在一万七千两银总价里。

5.4.2 至于施工工具、器材、几百人的伙食开销，虽然也不小，但从捐蔬菜、粮食、牛畜、车辆、衣物的零星记载判断，以吃百家饭僧人为主体的劳力队伍，不会花费捐施钱财。

另由地宫石刻文字可知，地宫所藏的水精瓶、水精函、水精瓮子、金棺、银椁、棺衣缛、舍利石匣和不知名称的"棺"等，这些佛教需要的神圣法器、礼佛器具都是由施主以实物捐施的。但这些物品是和造价无关的一类特殊物品，而且不用花钱解决。

结论：繁塔的总造价应当是 16957.5 两银＋（总捐施）1723.5 两银（贯文）=18681 两银＋匠师佣金若干＝（约）2 万两银。

　　繁塔内外墙面镶嵌着6925块佛砖。这些佛砖不仅精美绝伦，而且每一块都是由信众捐施的。在佛砖上当时都书写着捐施人的名字，以及其发愿供养的佛讳。这种千年风吹雨打磨灭不了的墨迹，本身就是一个令人叹为观止的"奇迹"。也证明佛砖都是信众捐钱认购，写上捐施人的姓名后，镶嵌在内外塔壁。非常幸运的是，这些佛砖上的宋代墨迹，仍有很多没有脱落，仍然能看清原有的文字。它们含有难能可贵的文化意义。

6.1　奇异的佛砖墨迹

　　如"时某"称所施佛像为"解灾菩萨"（图45）很正常，但"常氏"把自己敬施的佛像，称作"香僮佛"（图46）就有别于今人的概念。据说"香僮"一词，是指信士本人为佛的香童，而不是把佛称作"香僮"。为什么"常氏"敬施的佛像砖，能这么写呢？

　　又如两尊形象同一的佛像，并且佛的手印也完全一样。为什么有的称"精进自在宝佛"（图47），有的称"普思惟佛"呢（图48）？

图 45　解灾菩萨

图 46　香幢佛

252

图 47 精进自
在宝佛

图 48 普思惟
佛

而写着"狮子身佛"（图 49）"无量威德佛"（图 50）的佛砖，名称有点西域风味今已少见。宋代佛教有直接音译不做翻译的习惯吗？

通常佛砖的左边写佛（如香僮佛），右边写捐施人（如常氏施）。但有反常情况，如把捐施的"皇王住施"写在左边。为什么遇到"皇王"二字，就要写在左边佛的位置？这块佛砖奇怪的是"皇王住施"，该解读为皇王住"施"？还是皇王"住施"呢？这困惑是因为另一块张八娘捐施的佛砖，写着"南方虚空住佛"（图 51）。而当"皇王住施"捐施"离月光佛"（图 52）时，不仅题字位置互换，而且捐施也称"住施"。有无特定教义？对比这两块佛砖，似乎有宋代佛学研究参考价值。

佛砖上书写捐施人姓名的格式习惯。一般是在佛砖右侧写捐施人的姓名、身份，左侧书写所供养的佛的称谓（图 53）。

但有的比较离奇。比如，有块佛砖右边写的是女性捐施人"妻马氏"，左边书写的却是自己过世的丈夫"亡夫杨□朗"（图 54）。 相当于这位女施主供养的对象不是某某佛祖，而是自己过世的丈夫。或者说，她是把自己过世的丈夫视作来世佛。这种文化现象比较罕见。

6.2 繁杂的宋代佛称

至于对于佛的称呼，不像今天都是耳熟能详的"释迦牟尼佛""药师佛""文殊菩萨""观音菩萨""地藏菩萨"等，这些在宋代的繁塔上反而见到的很少。

大量的"名词"为我们所不熟知简单的如"广佛""华佛""高佛""华作佛""华威佛""华德佛""明德佛""德希佛""普雄佛""普眼佛""普思惟佛""不染佛""无滞佛""胜藏佛""大胜佛""宝胜佛""宝积佛""宝天佛""宝弥留佛""见义佛""见爱佛""离难佛""离月光佛""高光明佛""放光明佛""法王

图 49 狮子身佛

图 50 无量威德佛

图 51 南方虚空住佛

图 52 奇怪的"皇王住施"离月光佛

图 53 某某佛
书于左，某某
施应在右

图 54 "妻马
氏"供养"亡
夫杨□朗"砖

佛""狮子王""星宿王佛""称名声佛""名称悦佛""吼称佛""清净云佛""清净眼佛""大庄严佛""大愿胜佛""常智佛""妙慧佛""日月佛""善且佛""敏步佛""高循佛""意成就佛""趣菩提佛""乐解脱佛""坚固修佛""天供养佛""南无幢佛""能圣成佛""安稳恩佛""闭塞魔佛""无同□□"，及"难胜佛"（图55）、"迷共华佛"（图56）。

更有"大步佛王佛""龙自在王佛""称功德山王佛""虚空功德佛""得乐自在佛""可乐光明佛""住胜智慧佛""净智慧海佛""智清净功德佛""不可思议佛""不退精进佛""精进自在宝德佛""无量弥留佛""威德坚行佛""善观佛法胜佛""琉璃藏上胜佛""□□须弥山佛""一切龙摩□藏佛""纾一切众生疑佛"，及"大積佛"（图57）、"法海潮功德王佛"（图58）和前述的"南方虚空住佛"等等。

在近7000块繁塔佛砖中，这些墨迹文字挂一漏万，仅占当年的极少部分。窃以为，这说明主事的僧人在书写时，是根据施主"发愿"的不同，结合"无滞"或"胜藏修"等等教义，表达出施主的具体愿景。完成这件事，主事的僧人该要具备多少佛学知识呀！

这是宋代佛事活动的一个特征吗？对佛学研究难道没有价值？

图 55　难胜佛

图 56　迭共华佛

图 57　大積佛

图 58　法海潮
功德王佛

七、繁塔的设计理念完整地表达在捐施碑文里

二层北佛洞右（西）起的第一块石碑，是记载陈洪进捐施的碑文。这是一篇文笔精妙的特殊碑文，也极有证史价值。文曰：

> 弟子平海军节度使特进捡校太师陈洪进，伏睹繁台天清寺建立宝塔，特发心奉为皇帝陛下，舍银五百两入缘。右谨稽首。刹土如来，恒沙菩萨。窃以繁台真境，大国名蓝，六洞灵仙，曾留胜迹，九层宝塔，近立崇基。洪进顶戴眷恩耳，聆厥善，合掌爰游于妙域，倾心特舍于中金。伏愿：舜德巍巍，等乾坤而共久；尧风荡荡，播寰海以恒清。今因舍施，和南谨记。
>
> 太平兴国三年三月日，弟子平海军节度使特进捡校太师陈洪进记。

7.1 现三层塔身就是碑文所指的"九层宝塔"

繁塔下部是三层粗大的六棱柱形塔身，上部突变为细瘦的六棱锥形小塔。远远望去，好像一个巨大的"铜钟"。但走到

附录　开封繁塔的碑刻石铭与佛砖墨迹

261

近处观看，却甚似一座三层的断塔。

但是，佛塔作为古代的高层建筑，作为佛教的标志性建筑，她展现的"形象"绝非是让你从近处观察的（图59、图60）。她的形象必是通过"远望或远观"才是完整而全面的，这和我们今天拍照时，画面的完整取景道理是一致的。

7.2 三层塔身的"六洞灵仙"是如何设计的？

繁塔为什么会建造成这种不太好琢磨的塔型呢？宋代泉州节度使陈洪进的碑文，留下了关于当年塔型设计理念的准确文字："六洞灵仙，曾留胜迹，九层宝塔，近立崇基。"现存繁塔"三层塔身加六级小塔"的形制，就是宋代碑刻"九层宝塔"的设计匠意。那么，碑文中"六洞灵仙"的所指又是什么呢？我们不觉得繁塔三个50多平方米的塔心室和小佛洞俨然是一个个石窟式佛洞吗？实际上，现三层繁塔塔身不仅"象征"九层，而且"蕴涵"六个石窟式佛洞。

第一层南侧的塔心室和第二层南侧的塔心室，是通过直径两米的空洞上下沟通一起的。而第一层北侧的入口小洞，和第二层的北侧小洞也通过"井筒"式构造上下沟通。这样的"构造"匪夷所思，具有特定的"合二为一"理念。因此，繁塔的第一层相当于拥有南、北两个二层的"佛洞"。

这么以来，因第二层南、北的两个佛洞"合并"到第一层，故在二层的西北和东北，各建一个独立的佛洞。这两个独

图59 繁塔的完整塔型

图60 近观的错觉

立佛洞属于二层。

第三层塔身仅有一个南塔心室和一个北佛洞。

归纳起来，第一层相当于有两个"二层"的独立佛洞。塔身二层只有西北和东北的两个佛洞，三层又是一个北佛洞和一个塔心室。

据此，每层有两个石窟式的佛洞，三层塔身内正好就有"六洞"。"六洞灵仙"实际是把三层的八个洞，通过一、二层的南北洞室上下串通，整合为三层六洞。这么以来，"九层宝塔"是指"现三层加六级"组合成"九层"塔型。"六洞"是把八个洞，通过第一、二层四个洞整合为两个"二层洞"，变成塔身"六洞"。

宋代匠师设计的这一佛塔，理念含蓄结构精到，令人叹为观止。

也许有人质疑"六洞灵仙，曾留胜迹"一句，会不会是说天清寺"曾经"留下六个"佛洞仙窟"？语气似乎是，事实却不是。

因为，其一，"曾"字也是虚词，"曾留"并不一定非作"曾经留下"解读。其二，天清寺是后周皇帝郭威所建的皇家寺院，后周国祚不过十年，至建造繁塔时满打满算25年。在这之前，繁塔所在的繁台是无山无窟的"演武台"与佛教无缘，何曾有"仙洞"？其三，"曾"字也是"增"，增加的意思。此处的"曾留"，应解读为"会增添"、多"留下"之意，与现在时的"近立"对仗。故"六洞灵仙，曾留胜迹，九层宝塔，近立崇基"十六个字，是说"含有六个石窟式佛洞的九层宝塔，近来刚刚造好高高的基础。一旦建成，乃增加一处佛教胜迹"。

这是宋代匠师多么高超的"匠意"！这是宋代强势建筑文化绝妙而合理的设计！对这样清晰的碑文，还有什么不可思议的呢？

结　语

作为中国七大古都之一的开封，今天，能直接观赏的北宋胜迹有哪些？最明显的是繁塔和铁塔。今天，还能踩踏的北宋东京城原有土地在哪里？唯有繁台的几百平方米。今天谁是最代表北宋强势建筑文化的物质载体？首推繁塔无疑。因为，开封繁塔具有的文物原真性、完整性和唯一性，无疑是最真实、最突出、最全面。但长期以来，由于因"铲王气"拆毁繁塔的荒谬故事，造成世人莫衷一是的各种错误认知，从根本上颠覆了繁塔的价值，无形中对开封的宋文化影响力造成极大的伤害和贬损。

如今大学课堂讲授的"中国古塔"，还在说开封繁塔现只有"下面三层，本来还要往上做，后来没钱了，停了。后来又在上面做了一个七层小塔，看起来很怪"，引发学生哄堂大笑。这笑声隐含着对宋代政治、经济和社会生产力的误读，抹杀了史界礼赞北宋社会繁荣、文化发达的事实。

如此盲目地传言宋代连"九层"的佛塔也建造不起来，那《清明上河图》展现的梦幻般的北宋东京盛景，岂不令人生疑？

开封人自己在世界客家人大会上讴歌的《开封颂》，也在高唱"繁塔，兴衰沉浮的含泪悲怆……明初拆繁塔以铲王气"。无形中，把悲天悯人的情绪传给世界各地，繁塔本该是开封的骄傲，怎么有点悲怆呢？

如此低吟浅唱北宋的建筑瑰宝，有什么可信的道理？难怪新编的《中国古代建筑史》，洋洋大观唯不见繁塔英姿。难怪专家的《中国古塔集萃》，煞有介事地说"这一北宋大塔至今仅余下层"，这些都是因几百年来对繁塔的错误认知引起。如果我们继续如此错误地贬低繁塔，对宣传、振兴、挖掘宋文化有百害而无一益！

宋代繁塔的原型至今未被学术界正确认知，这是需要给以科学结论的迫切课题。

繁塔是世所罕有的北宋杰作，它蕴涵着宋代历史文化的丰富信息。如果启动对繁塔的调查和研究，就会毫不困难地将繁塔的原真性、完整性、唯一性揭示给世人。若继续误解误判、弄真成假，实可痛惜！

况且，由于未真正理解繁塔的构建原旨，保护措施也容易失据！比如，1983 年维修时，封闭了一层叠涩上的两米直径空洞，使二层塔心室成为一个完全密闭的空间。不仅不利于通风，不利于保护佛砖，而且丧失了原有的结构信息、原有的功能信息。

笔者要说：

过去，由于史料匮乏和民间以讹传讹，造成了对繁塔的错误认知。

过去，我们只注重文献资料，没有用二重证据法结合建筑学原理去论证，得出错误的结论。

过去，由于受科学技术的限制，难以看清繁塔留下的历史信息，无法找到解题的钥匙。

笔者坚信：

现在，有高科技的检测手段、高清晰的拍摄技术给我们提供的便利，任何蛛丝马迹的信息，都能为我们提供可靠的证据。只要结合繁塔的实际构造解读历史文献，并不难彻底搞清这一问题。

把颠倒的历史再颠倒过来，把繁塔的国宝价值发掘出来，是时候了！

后　记

　　笔者之所以能勉为其难地写出以上文字，首先得益于河南大学博士生导师程民生先生的鼓励。五年前，从笔者和他谈起繁塔原型问题，他就敏锐地指出："搞清繁塔的真实身世是个重大课题，有着非同一般的意义。"

　　同时，他还诚挚地提出几条建议：学术性的文字要有严格的体例；要多从建筑学方面阐述立论、说清道理；要扎扎实实作好功课，有说法就必须有依据；学术观点可以相悖，但要尊重古人和老先生们以往探索的努力。

　　虽然笔者未必能做到这些，但努力的目标由此清晰。从几千字的草稿，到数万字的初稿，从引文的出处，到文章的题目，程民生教授不厌其烦地予以指导和订正。整个过程，与其说是笔者写了一篇东西，不如说是上了一次老年大学。笔者不仅感受到友人的情谊，更领略了宋史学者的风范。

　　笔者浅学薄识，辨析这个困惑古今几百年的课题，焉不吃力？最最不安的是，这个课题难免涉及一些多年师友的旧著，论述中又不得不提出异议。唯恐因此在文中出现失当的词语，

后记

不慎冒犯一些历来敬重的师长、友好。于此，乞希体谅宽宥为幸。

同时，笔者对几年来安排三位建筑学本、研学生协助我调研，并参与本课题的河南大学土木工程学院张义忠教授，对全力支持课题活动的开封市文物局刘顺安局长，对直接参与课题研究的开封市延庆观繁塔文物管理所李曼所长、张小建副所长等人，对不辞劳苦和不畏危险，登塔考察与绘图的冯楠、许翔、金继国、吴兴斌等四位年轻建筑师，表示衷心的感谢！予以诚挚的敬意！

如果没有这些学界人士、青年才俊的鼎力襄助，已年逾七旬的笔者，想搞清繁塔的真相，写点抛砖引玉的文字，为繁塔"残"案发声以正视听，当然是很难顺利办到的。

特别是笔者在研究过程中，有幸查阅到吴龙泉工程师1983年的繁塔实测图。给我认定繁塔原始设计只能是现存这种形式，提供了无可置疑的建筑学逻辑。吴龙泉先生的繁塔实测图精细、准确，体现出其深厚的功力和严谨的治学态度。这是千年以来人们能见到的第一套用现代工程制图手段绘制的图纸。在此，笔者由衷表示感谢和致敬！

虽然笔者的文字还不规范、不流畅、不给力，但由于有扎实、可靠的论据支持，我坚信开封这座北宋繁塔不残、不断，塔型千年未变的论点无懈可击。只要能为繁塔的学术"疑案"辨个明白，使繁塔体现它真正的价值，我的愿望也就实现了。

宋喜信

2018 年 4 月 15 日